創業120年・平山建設の隔世教育と思考習慣

会社が永続する「31の言葉」

平山 秀樹

日経BP

はじめに

おかげさまで令和３（２０２１）年に、平山建設株式会社は創業１２０周年、設立60周年を迎えます。この節目に、創業以来の伝統に感謝し、先祖から現在に伝わる智恵を次代に伝わるようにまとめようと決意しました。

平山建設を設立した私の父、故平山金吾は「私の人生に指針を与えてくれた言葉」として、先祖から伝わる智恵を残してくれています。金吾が古希のときに、日めくりカレンダーとしてまとめたものです。いまでも平山建設の朝礼において、社員みなでこの言葉を日替わりで学び続けています。幸いなことに、金吾自身による「言葉」の解説の文章が残っています。金吾は生前、この「言葉」について書籍にまとめたいと考えていたようです。

その一節にこう書いてあります。

「幼少より聞かされた祖父の言葉、読んだ本、聞いた言葉を永年メモしてきました。その言葉の中から、31項目を選び、編集しました」

金吾の祖父、当社の創業者である平山金吉は、明治9（1876）年に殿部田村（現在の千葉県芝山町）で生まれ育ちました。

千葉の片田舎にいても、明治殖産興業の時代の風を感じられたのでしょう。惣領息子でありながら家督を弟に譲り、実業を目指して東京に向かいました。その途中で、成田の親戚を頼って出てきたところ、その親戚から「東京に行くのもよいが、成田も鉄道が通り、隆盛だ。成田の地にわらじを脱いで、地に足をつけ商売をするのがよい」と助言されたそうです。その助言を受け入れ、妻ハルと世帯を構え、明治34（1901）年に成田において炭や薪を商う平山商店を創業しました。

その後、多くの方のご協力により業務を拡大し、大正時代には平山材木店として成田市幸町に製材工場を構えるまでになりました。長女いちに、清を連れ合いとして迎え、戦前から戦後にかけて材木屋、建材屋として隆盛期を迎えました。

金吾は、「金吉おじいさんの膝の上に乗せられて百ぺん返しでいろいろな話を聞いた。それが、いまになってみると、ひとつひとつ自分の人生に生きている」とよく話していました。商家の智恵は代を超えて伝えられます。私にとっては祖母の言葉が強く残っています。そして、私の子供たちには祖父にあたる金吾が智恵を伝えてくれました。いわば、たすき掛けのように代を超えて伝えています。

ことほど左様に、平山家、そして当社には曾祖父から現代に至るまでの言葉や体温が伝わってきています。120年というと、とても長い時間のように思われますが、一代一代の発奮と努力が生きて、いまがあるのだという実感を私は持つことができています。このぬくもりが消えないうちに、何かの形に残したいというのが、父が「31の言葉」として日めくりカレンダーをまとめた経緯だと私は考えています。

父は生前、私たち平山建設の社員にこう言っていました。

「私の経営理念と指針は『31の言葉』に凝縮してある。経営判断、行動に迷ったら、『言葉』を読み直せ、深く読め」

これから、できる限りのエピソードや、家の伝統、会社の歴史も盛り込みながら、できる限り先の未来へ伝わるように、「言葉」について丁寧に書いてみたいと思います。

2007年4月号「日経ベンチャー」（現「日経トップリーダー」）でファミリービジネスの事例として記事に掲載されたときの平山金吾（右）と著者

目次

第二章

第三章

積徳の方法

カバー写真／平山金吉が製材所に植えた楠
表紙写真／平山材木店の製材所のトロッコ。黒松を挽くのに使われた
（撮影・石井雅義）

第一部

徳の隔世教育

以前、月刊経営誌「日経トップリーダー」で、祖父母が孫世代に一族の考え方を伝える、平山建設の「隔世教育」について取り上げていただきました。その記事をもとに同族経営、隔世教育について考えてみましょう。

核家族が当たり前の現代においては奇異に聞こえるかもしれませんが、永く続く同族企業には、一族みんなで子供の教育をする伝統があります。重要なのは、事業継続を一族の使命とし、全員で次の世代を育てることではないでしょうか。平山家では、特に隔世教育が大きな役割を果たしてきました。

左ページのグラフを見てください。
世界の同族企業を対象に、会社の寿命について調べたものです。2代目にバトンタッチした時点で企業数は30%に減り、3代目では9%、4代目以降になると、わずか3%にまで激減します。100社のうち3社しか生き残れないことになります。
4代続くということは、創業から100年は経過しています。非同族企業でも100年企業は少ないので、この調査データは同族企業の弱さを示すものではありませんが、世代

■同族企業は生き残れば強い

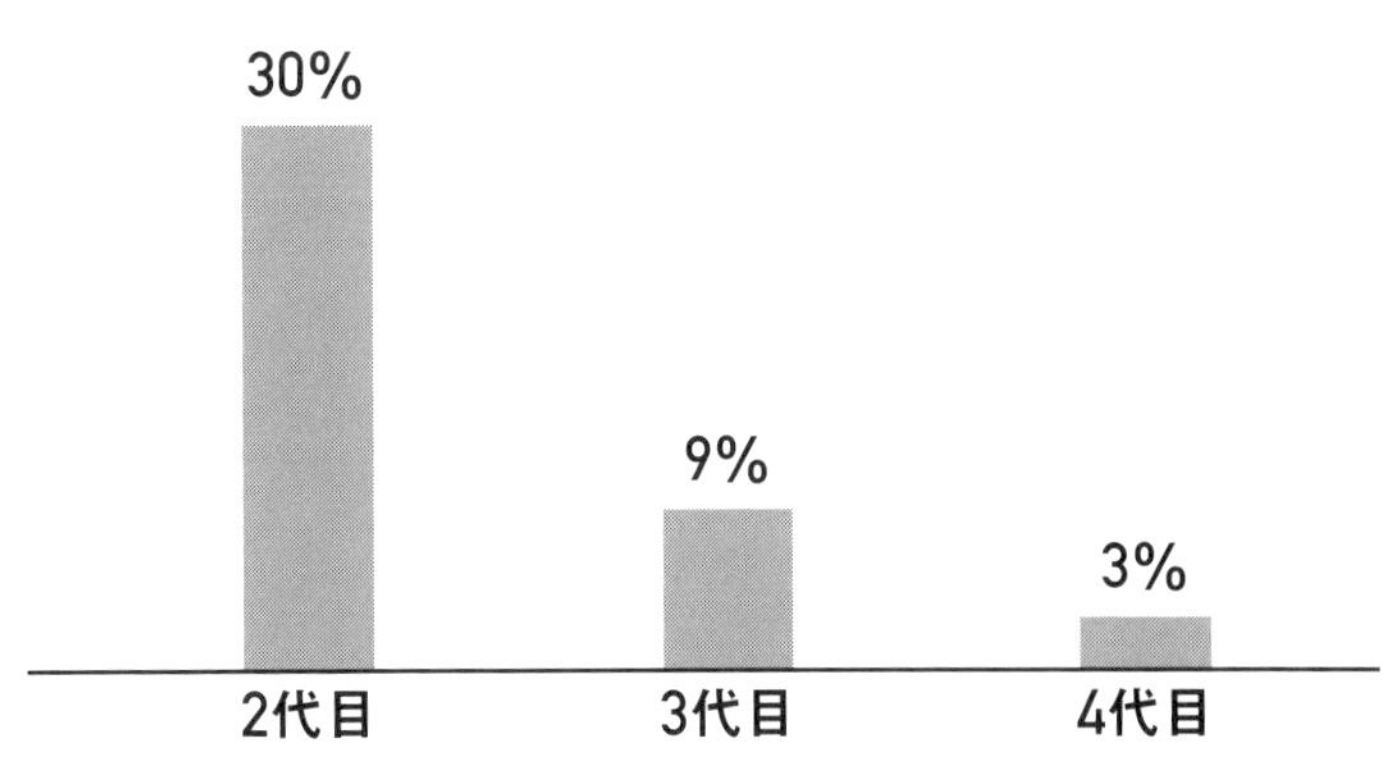

出典：J.Astrachan,Ph.D.,editor Family Business Review

を重ねるのがいかに難しいかということが読み取れます。

むしろ同族企業は強いというのが、世界の常識です。世界的な金融グループＵＢＳが２０１５年に日本を含む世界の上場企業を対象に５年間の株価伸張率を調査したところ、同族企業は頭一つ抜け出ていました。

つまり、事業承継を順調に重ねられる同族企業は一握りですが、生き残った同族企業の競争力はとても強いことが分かります。

ファミリー企業はサラリーマン企業と比べて、目先の経営効率ではなく、長期的な視点で正しい経営判断を下すことが可能です。だからこそ、大きなイノベーションも起こすことができます。それらが、強さの要因と考えられています。

では、どうすれば同族企業が次世代に事業をつなぐ確率を引き上げられるのでしょうか。

それには、子供の頃から後継者教育を意識する必要があります。その役割を経営者とその配偶者だけに背負わせるのは酷です。母親に子育てを任せることの多い一般家庭とは、その点でも異質かもしれません。

「我家の五箇条」

私の会社、平山建設は、千葉県成田市で「ふるさとづくり、街づくり、建物づくり」をモットーに、戸建・集合住宅・商業建物などを手掛けています。創業は明治34（1901）年と古く、平成17（2005）年から社長を務める私は4代目となります。

平山家では代々「隔世教育」により、将来の後継者候補である子供たちを育てています。そのおおもとになるのが、初代の金吉が渋沢栄一の家訓をもとに作った「我家の五箇条」と呼ばれる家訓です。

一　萬神霊を敬拝し、忠君の道に深厚なれ
二　人たる道の第一歩は、孝の一字よりはじめよ
三　一旦事業を起こさば忍耐恒久、みだりに変更放棄為すべからず
四　良友を選交し損友を遠ざけ、己に諂うものに心許す無かれ
五　富貴に奢らず貧賤を憂えず、益々洪基の心を蓄えよ

平山家では子供が物心ついたときから、五箇条の意味をかみ砕いて、徹底的に教え込みます。代々、家訓をはじめ、商家の教えを伝えるのは祖父母の役目となっています。社長業で忙しい父親の代わりに、隠居して時間に余裕ができた祖父が教育するほうがよいという判断です。

初代金吉は毎晩のように、幼い孫の金吾に添い寝し、枕元で家訓にまつわる話を繰り返しました。その金吾が会長になったときには、今度は3人の孫、つまり私の子供に家訓を教えました。代をまたぐ営々とした教育のループが、平山家の土台を形成しています。

先日、私の次女と話をしたときに、ふと「あなたは、あなたの年齢としてはとても柔軟な考え方、行動ができているように思える。なぜ?」と聞いてみました。
次女は言下に「おじいちゃんの教えだと思う。ピンチのときもそうだし、何かがあるとおじいちゃんの言葉が浮かんできて解決の道筋が分かる。例えば『物事を観察するときは、歴史的、多面的に見ろ』とか。なるほどなと思う」。

平山建設で社長、会長を務めた先代の金吾は、平成26（2014）年12月に他界しました。偉そうに聞こえるかもしれませんが、私はこれまで経営判断で迷ったことは一度もありません。それは幼い頃から、物事の判断基準を家族の伝統の中でたたき込まれてきたからです。心から、私はこの隔世教育システムに感謝しています。

それでは、具体的にどのようにして「隔世教育」が行われてきたか、まずは金吉の言動から振り返ってみましょう。

先ほど書いたように、金吾の「言葉」の多くは、金吾の祖父であり、創業者である金吉から伝えられました。父の絶対的な自信は、金吉の愛に支えられていたのでしょう。私は祖母に可愛がられたことが、いまの私の自己肯定感につながっていると感じます。金吉以来の平山家の隔世教育の歴史をひもといてみます。

金吉の商売は最初は本当に細々としたものであったようです。

あるとき、当社が運営するホテルのマッサージをお願いしている先に、施術をしていただいた際、その方から「社長のご先祖様の金吉さんというのは、廃品回収のようなこともしてたんでしょう」と話し出されたことがあります。成田のご縁のネットワークは本当に狭いなとびっくりしました。

金吉はとにかく最先端が好きでした。

明治から大正にかけて、製材はほとんど人力で行っていました。戦前は1000坪ほどの製材工場に20人もの社員が働いていました。丸太を担ぐのも人、材に挽くのも人でした。そんな時代に北総地域ではまだ珍しかった蒸気タービンを製材所に取り入れました。タービンを回してチェーンで回転を丸鋸に伝えて、丸太を板などに加工していたそうです。

その後、電気モーターに変えて、バンドソーと言われる大きなのこぎりを使って、レールを引いた工場でトロッコに固定した丸太を挽いたそうです。

商才があったなと思うのは、蒸気タービンの導入とともに黒松の加工に特化したことです。黒松は材としては大変硬く、手動ののこぎりとくさびでは加工できません。いち早く蒸気タービンを導入したので、他では引き取り手のない黒松を仕入れ、板に加工して、高く売れる東京・木場の材木問屋に卸していたそうです。

商売熱心だったので、初めの頃はいろいろな仕事に手を出して「多角化」をはかったようです。材木はもちろんですが、製材で出た木っ端や、おがくずを使ってお風呂屋をやりました。これは私の記憶が残る40年前くらいまで続いていました。また、同じく木っ端を固めた木毛板と呼ばれる佐官の塗り壁の下地に使われる材料の製作もやっていたそうです。

大正に入ってからは、建設請負業も始めました。金吉の名前で中学校の校舎を請け負ったという契約書を見た記憶があります。その他にも、不動産業から廃品回収、葬儀社までいくつ始めたか分からないほど種々の仕事をしたそうです。

自分で仕事を始めては、途中から人に任せて、「嫌なら、こんな商売、売っちまってもいいんだぞ」と言って無理にでもやらせていたそうです。

金吉は、とにかく勉強好きでした。成田の一番の大店、栗羊羹で有名な米屋（よねや）の諸岡長蔵翁とは年も近かったので、いろいろと教えをいただいていたとも聞きます。「己に薄く他に厚く」など多くの箴言を残された長蔵翁はモラロジーの創始者、廣池千九郎博士から「モラロジーの母」と書かれた湯のみ茶碗を贈られるほど、人の生き方、商売道徳のあり方について学ばれ、研究への協力を惜しまなかった方です。当社が建設させていただいた米屋總本店の羊羹資料館に行くと、長蔵翁の当時の資料がたくさん残っています。

米屋さんのお不動様、旧跡庭園には長蔵翁の「にちにちに昇る朝日はおがめども　入る日のかげをおがむものなし」という言葉が刻まれています。先人の恩を思うこと、感謝することの大切さを詠（うた）ったのだと考えます。

当社創業に先立つこと４年前の明治30（１８９７）年、待ちに待った成田線が開通しました。そもそも、金吉は鉄道の開業により、多くの善男善女の参拝につながった成田に魅力を感じて事業を興しました。当時の成田山詣は、泊まりがけですので、成田山近くの旅館は隆盛を極めていました。木造３階建ての豪勢な旅館が相次いで建築されたりしていました。羊羹屋さんだけでも当時は40も50もあったそうです。参拝客相手なので、中には羊羹を上げ底にして容量をごまかしたりするお店もあったそうです。このため、隆盛を極めた羊羹屋さんも一軒、また一軒と潰れたり、人手に渡ってしまったと聞きます。

そんな中、道徳と経済は一体であるという明確な信条を持たれた長蔵翁は、材料も良いものを使い、容量のごまかしなど不道徳なことは一切しなかったと聞きます。そして、成田で代々続く羊羹屋さんといえば、米屋さんと米分（よねぶん）さんだけになってしまいました。

一方、成田には「十七軒党」と呼ばれる古い家柄のお家があります。明治時代の古地図を見ると、屋号の脇に「十七軒党」と書いてあります。平将門の乱を鎮めるために朱雀天皇の勅命により京都より贈られた不動明王像を背負って運んで、現在につながる伽藍を作るのに功績があったとも言われます。米屋さんの遠祖、古くから成田の名主であった諸岡三郎左衛門家も長くこの不動明王像を守っていたと伝えられます。

金吉は、こうした成田の歴史を様々な場面で学んだのだと思います。前述の「我家の五箇条」には、渋沢家の家訓を参考にしたと思われる箇所があります。岩崎弥太郎の岩崎家の家訓とも通じる部分があります。普通なら代譲りして隠居してもいい年になっても、第一線で頑張っていた金吉には、どうにかして自分が作ったこの事業を次の世代、そのまた次の世代へ伝えていきたいという強い意志がありました。

こんな刻苦勉励の結果、大正の半ばには現在の私の自宅のある成田市幸町に製材工場を構えるまでになりました。当時金吉は40代、明治時代なら「翁」と呼ばれ、引退を考えてもおかしくない時期です。

職場と住まいとが一体であった当時は、製材工場には「一集落といえるくらいの人が住んでいた」と金吾が言っていました。自分の子供、親戚の子供などもそこにはいたようです。話し好きな金吉のことですので、これはと見込んだ子供には相当な教育も施したのではないでしょうか。後継者をどうするかは長年相当に逡巡があったようです。

それでも、なかなかこの子なら後継者にと思える人材には出会えず、49歳という高齢で娘に婿取りという結論になりました。後継者と見込んだ長女いちを、17歳で清と結婚させます。清は金吉に見初められ、25歳のときに婿に迎えられました。清は、現在の印西市大森というところの生まれですが、家庭に恵まれず一度は東京を目指します。しかし、大正

7（1918）年から流行したスペイン風邪を恐れて千葉に戻ります。なんの縁であったかはもう分かりませんが、その後、清は金吉の平山材木店で働くようになりました。清は大変働き者で、ハンサムで、周囲の信頼が厚かったようです。

いちの上には兄が一人いました。この大叔父が高齢になってから、何度も金吾の家に来たのを覚えています。自分が本来跡を取るべき平山材木店を継がせてもらえなかったと亡くなるまで繰り言として嘆いていました。大叔父は嘆いているうちに自分の人生を終えてしまったように私には見えました。

先ほど書いた「多角化」のうちお風呂屋をこの長男には継がせました。年齢から言えば、この長男に継がせておけば、隠居の年になって17の娘に婿を取るということはなかったでしょう。しかも、清に跡目を完全に譲ったのはこの25年後、古希70歳になってからでした。50を過ぎたいまの私から見れば、相当にいろいろな逡巡があったことは理解できます。

昭和21年から連載が始まったサザエさん一家でいえば、波平さんは54歳で定年間際ですし、フネさんは50歳前後という設定です。昭和になってさえ、もう50歳といえば父親というより、おじいさんという年齢であったことを前提に、大正期の金吉の気持ちを考える必要があります。

高齢になって婿を取っても、70歳の古希に至るまで経営権を手放さなかったのは、平山の家をなんとしても絶やしてはならないという思いがあったのでしょう。

結婚後、清といちは堅実に事業を継承し、発展させていったようです。戦後になると、本業の製材、材木は堅い商売ではあっても同業者も増え、決して儲かる商売ではなかったようです。「商売はお客様が教えてくれる」と、いちはよく話していました。

例えば、昔はいまのようにサッシュがないので、みな木製の建具を使っていました。家を新築しても、ついてくるのは雨戸まで。新築したあと、個々のお客様が自分で建具を建具屋さんにお願いしているのが普通でした。

そんな中、材木の商売で現金で買って在庫を管理することに慣れていたいちは、成田の近くの建具屋さんが秋に売りに来た建具を、専用倉庫まで作って在庫するようにしました。建具屋さんは同じ時期に大量に売りに来るので、安く仕入れることができます。しかし、一般のお客様が家を建てるのは、いつと決まっているわけではありません。散発的に買いに来られるので、一定の適正な市価で売るということをやっていました。
　いまのようにホームセンターなどない時代ですから、お客様からの求めに応じて、いろいろな建材等を扱いました。便器などの陶器、土管、レンガ、ブロックなどの建材はもちろん、セメント、砂、砂利まで扱っていました。

　20人近くの社員と同じ数くらいの家族がいるので、とにかく食べさせるだけでも大変でした。一升以上炊ける薪を使ったかまどがあったことを覚えています。私の額にはちょっと傷があるのですが、このかまどがあった框から落ちたとき、付いた傷なのだそうです。当時の社員はみな住み込みなので、三度の食事を作り、事業の経理などを行い、来客に対応しながら11人も子供を産んだのですから、すごい女傑です。

　戦時中は食料の確保も大変で、近くの土地に畑や田んぼを作って農業までやっており、そのための米蔵まであったそうです。常に在庫を持って、それらを管理することに抵抗がない材木屋だからこそ、そこまでできたのでしょう。そういえば、全国的に有名なホームセンター、ジョイフル本田さんも、もとは材木屋さんだったそうです。在庫を持つことに抵抗がないので、あのような巨大ホームセンターを作って、商品を山のように置いておくことができるのでしょう。

いちは17歳で清の妻となってから、20年も代表を夫に譲らなかった金吉に対し、相当な想いがあったようです。戸籍と土地の謄本を調べると昭和22（1947）年、確かに、平山材木店合資会社の代表を46歳になった清に譲っているのですが、一方で同じ年に孫の金吾に、工場の土地、裏山の数千坪の土地を譲っています。これだけ事業に打ち込んで努力してきたのに、金吉にしてこの仕打ちですか、代を超えた相続ですかと、いちは憤ったに違いありません。いちから聞いた話では「お父さん、私は本当にあなたの娘ですか。こんなに厳しくするのはどうしてですか」と聞いたことがあると語っていました。

昭和22年当時、金吾は12歳。聖書学園中学校に進んだ頃です。誰が平山家を後継するのかという家族会議が開かれたのも、この頃です。とにかく、金吾が生まれて金吉は喜んだといいます。自分が高齢になってからの娘の結婚でしたし、最初の孫4人は全員女子です。いちの結婚から10年目の待望の男子の孫でした。それはもう可愛くて仕方がなかったのでしょう。ちなみに、いちの長女和子は、昭和22年当時、22歳だったはずです。それこそ、もう結婚しなければならない年齢でした。家族会議を開かなければならないほど切羽詰まっていたのでしょう。

金吾の上には4人の姉、下にも4人の妹、それから2人の弟。それに使用人たちも住み込みと、大家族でした。私も母が、母屋の薪をくべるかまどでご飯を炊いていた様子を覚えています。お風呂を焚くのも薪でした。なにせ売るほどありましたから。

毎食一升のご飯を木のお櫃に移してよそっていました。毎食、大きなちゃぶ台を囲んで10人以上の大人の中で食事をしていたようにうっすらと覚えています。そんな大家族の中で、金吉はよく孫たちを集めて、「講話」をしていたようです。

その時々の時事、孔孟の教えなど、金吾が後年に陽明学を志したのは、金吉の影響であったかと想像します。とはいえ、当時70にもなろうとする老人の話です。金吾の姉たちは、「薪を割りに行かなきゃ」「宿題やらなきゃ」と、金吉の話に飽きて散っていってしまうのが通例だったそうです。そんな中で、祖父、金吉の膝に乗せられて、百ぺん返しの話を聞かされていたのが金吾でした。

金吾から、金吉の悪口を一切聞いたことはありません。「金吾、お前は天下の大道を行け。俺は一切世間にうしろめたいことはしていないぞ」と言われたことを大変誇りに感じ、次代へと代をつなぐことに大きな想いを持っていました。

後に紹介する「保証人になるな」「嘆きの人生から、喜びの人生へ」などの言葉は祖父金吉から金吾が学んだ実践的な人生の智恵です。

清・いちは本当に働き者で、金吾と、私の母裕子が結婚した昭和38（1963）年当時でも平山材木店を一身に担っていました。金吉が亡くなったのは、父母の婚約が決まったときでした。その前年、米寿の祝を数十人の親族が集まって開いた写真と金杯が残っています。この年になっても、とにかく孫息子が可愛くて、結婚を心待ちにしていたそうです。

大家族主義と玄松の集い

いま、平成25（2013）年の社内勉強会で話している金吾の動画を見ながら書いています。自分の信念を切々と社員に語る78歳、亡くなる1年前の金吾です。こんな話をしています。

「人間には品格が大切です。誰でも良い仕事をしたいと願っています。では、どうしたら良い仕事ができるか。品格あるお客様から信頼して仕事をご依頼いただけることです。そのためには、自分が品格を高めなければなりません。品格ある人はよく人を見ていて、品格ある人と仕事をしようとします。

よく中小企業の社長が自社の社員の愚痴をこぼす場面に遭遇します。これは自分で自分の品格を下げる行為です。

品格ある人の周りには、品格ある人が集まってきます。愚痴をこぼす、自分の社員の愚痴をこぼすということは、自分の品格を貶める行為に他なりません」

こう語る父にもいろいろ苦労はあったようです。大学を卒業して中堅ゼネコンに4年ほど勤めた金吾は、成田に戻ってきて昭和37（1962）年に平山建設株式会社を設立しました。裕子と結婚する1年前です。

最初は、清の平山材木店の軒先を借りての起業でした。私が覚えている材木店の広さは、せいぜい30坪ほどだったでしょうか。そのまた数分の一を使っていたようです。

翌年、もともと勤めていた中堅ゼネコンの役員さんの紹介で、当時はまだ珍しかった鉄筋コンクリートの中学校の校舎の新築工事を請け負い、遠い親戚などから社員をかき集め、少しずつ会社の体裁を整えていきました。

当時は、まだ金吾の弟、妹も家におり、母は大家族の中で食事の煮炊きから、建設と材木の配達や集金までしていました。母がかまどで一升炊き、いや、二升は入りそうな釜でご飯を炊いていた姿を覚えています。おかずも、大きな金だらいのような鍋2つは作っていました。いつも7〜8人、多い時は20人くらいで食卓を囲んでいたように思います。

私はそんな中、昭和41（1966）年に生まれました。

父は、私が起きている間に帰ってきたためしはなく、母は大家族の中でいつも忙しく、小学生くらいまではあまり父母との記憶はありません。よく祖父、清のあぐらに坐らせてもらったり、将棋を指してもらったりしたことは覚えています。祖父は、大変将棋が強く、私がかなりの年齢になっても飛車角落ちでも勝てませんでした。

祖母にはよく背中におぶさって成田山や、お祭りや、いろいろな所に連れて行ってもらっていました。お地蔵さんを見ると手を合わせ、鎮守の神社の前では頭を下げる習慣も祖母に教わりました。平山家のそばの道祖神の掃除をすることも祖母の背中で習いました。小学校の頃は毎日掃き掃除をしていました。私もまた平山家の隔世教育をしっかり受けてきたのです。

昭和48(1973)年に満を持して、父は成田市役所の前に平山建設の社屋を建てました。平山建設設立10年に当たります。ガラス張りの鉄筋コンクリート6階建てでした。当時、まだ周辺は田んぼばかりだったので、ずいぶん驚かれました。図面を引いて、完成予想図を描いて打ち合わせをしていた父の姿は大変輝いて見えました。

当時、父は石原裕次郎に憧れ、24フィートの船室付きのヨットを買って私を乗せてくれたのを覚えています。仕事も、割賦販売を日本で初めて手掛け、大変隆盛だった住宅会社の指定工務店となり、順調でした。

昭和53(1978)年にはまだ珍しかったオフィスコンピューターを導入し、独自の原価管理、経理システムを作りました。このシステムが某大手ソフトメーカーの目にとまり、そのメーカーの標準ソフトになったとも言っていました。青年実業家として成田青年会議所の設立にも奔走し、死ぬまで盟友であり、勉強会を重ねた7人の成田の社長さんたちとの交流も、この頃に始まったのだと思います。ちなみに、7人の社長さんたちのお一人が、米屋の諸岡孝昭さんでした。

順風満帆なようですが、危機とはこういうときに訪れます。まだ20人もいなかった社員のうち7人ほどが辞めて、独立するという事件が起きました。それでなくとも、昼夜なく仕事をしていた父がさらに多忙を極めました。昼は現場を回り、お客様と打ち合わせをし、夜は会社で積算と図面を描く。社長の机の上にはいつも図面と積算用紙がありました。なかなか厳しい時期だったのだと思います。

そんな中でも、新たに社員を採用し、教育に力を入れました。モラロジーという道徳についての社会教育も取り入れました。こうして育てた中堅社員7人が「25周年委員会」を結成し、いまも平山建設の社訓である「私達のモットー」を作ることになります。おそらく金吾は、祖父金吉の「我家の五箇条」を意識していたのではないでしょうか。

このあたりから求心力を取り戻し、再び成長過程へと戻すことができたようです。

祖父母の清といちがすごいなと思うのは、息子のこうした辛苦を遠くから平然と眺めていて、あまり直接の手助けなどをしなかったところです。その代わり、祖母は親族の求心力を増すために、「従兄弟会」の設立を言い出しました。11人兄弟ですので、私を含めてその子供たちは30人となります。名簿も作り、出生順に従兄弟会ナンバーが振られています。従兄弟会ナンバーの1番は「長女の長女」。私は「長男の長男」で13番です。


清の古希、清といちの金婚式など、親族が集まる機会は多く、従兄弟たちとも何か事があってもなくとも、よく集まっていました。夏はお盆の送り迎え、冬はクリスマス、新年と集まるたびに家の歴史などが語られ、自分が所属する家族への意識は深まりました。

せっかくの従兄弟会なので命名を祖母にお願いしたところ、「玄松（げんしょう）の集い」と付けてくれました。これは、金吉が進取の蒸気タービンを導入し、黒松（玄松（くろまつ））の商いで成功したことを念頭に置いていたのだと思います。自分の孫たちに平山家の家風を伝えたいという願いが込められています。

私達のモットー

心　心を込めて社会に奉仕することが私達の使命です

美　美を見つめ美を追求することが私達の理念です

信　信頼こそ最高の財産であると私達は考えます

禮　禮を守り禮を尽くすのが私達の信条です

創　私達は創意工夫を積み重ねよりよい明日を築きます

祖父母が亡くなったあとも、機会があるたびに従兄弟会、玄松の集いは開かれています。最近は、毎年成田のお祭りに合わせて集まっています。親戚は、成田を中心に八街市、野田市、遠くは群馬県の高崎市とそれぞれ散っていますが、みな、祖父母の遺風を継いでいます。最近では、従兄弟に加えその子供たち、その孫たちまで参加するようになりました。

私は15歳で全寮制の高校に入り、以後大学、就職とずっと成田を離れていました。当初は、「好きなことをやれ」と鷹揚に構えていた父ですが、さすがに「これは戻ってこないかもしれない」と考えたらしく、あるとき、突然東京・渋谷の私の職場に訪ねてきました。不動産有効活用の部署から、人事部に異動になった入社3年目の頃でした。

「お前は以前から留学したいと言っていたな。人事の仕事をさせてもらっていて、そのまうちの会社に戻ってくるわけにもいかんだろうし、経営の勉強もしておくべきだから、米国に留学させてやる」と「ニンジン」をぶら下げられました。


バブル景気が崩壊しつつあるとはいえ、ちょうど仕事が面白くなってきた時期です。迷いましたが、ここで家の伝統を思い出しました。先祖からの伝統を思えば、長男である私が自分の意思で実家に戻ることを決意すべきだろうと。

また、渋谷で不動産開発の仕事をしていると、自分以上の才能の人間がいくらでもいることがよく分かります。しかし、成田に戻って先祖が築いてくれた地歩の上に、自分なりに頑張れば道は開けるのではないかとも考えました。

当時の上司である人事部長に相談すると、その方は以前グループのリフォーム会社を立ち上げ、中小工務店の事情に大変詳しい方だったので「地方の工務店はお前が思っているほど楽ではないぞ。10倍は大変だ。ここにいたほうがお前が活躍できる場がある」と諭されました。あとになって実際、10倍どころか40倍くらい、後継は大変でしたが、そのときはようやく自分が生きるべき根拠地を再発見したつもりで聞く耳を持ちませんでした。15歳のときから成田を離れていたので、祖母の背に負われて感じていた成田山や、聞かされてきた先祖の苦労話などがなければ、そのまま渋谷に残っていたかもしれません。

その後、2年の留学で経営管理学修士を取得し、意気揚々と平成7（1995）年7月17日に平山建設に入社しました。以前の渋谷の不動産開発会社では不動産有効活用の1チーム、場合によっては一人の担当額で当時の平山建設の売上高を上回る仕事をさせてもらっていました。後継者である私がやればたちまち目標達成し、バブル景気崩壊の影響を受けつつあった平山建設を立て直せる……はずだったのですが、営業を担当し、半年で受注できたのは180万円あまりの改修工事だけでした。しかも、小学校の同級生のお父さんにお情けのようにいただいた契約でした。件の人事部長のおっしゃった「お前の考えている10倍の苦労」は本当だった、それ以上だったと実感しました。

そんな私を見て、父はどんな思いを持ったのか、よくは分かりませんが、祖父母が父をじっと見守ったように、あまり口を出さずに好きにやらせてくれました。平成12

（2000）年には新規事業としてビジネスホテルを開業しました。いろいろな方のご指導をいただき、建築の営業としても年間10億円を超える受注を稼げるようになりました。そして、平成17年には代表取締役社長となりました。

実は、この年、父は大腸がんになってしまいました。実績のない39歳の私を社長にして、二人代表制にせざるを得ないという状況でもありました。まだ十分に資格のない社長は社員に認められず、何人もの社員が辞めていきました。つらい時期ではありました。

しかし、焼失してしまった地元の祇園祭の山車の復活を請け負うことをきっかけに地元成田に次第に軸足を移し、少しずつ地に足のついた受注ができてきました。以前は成田以外での受注が過半を占めていたものが、この10年余りは成田での受注が7割以上になりました。

成田の表参道の仕事を手掛け、「成田のふるさとづくり、街づくり、建物づくり」に汗するようになり、京成成田駅東口の地区計画見直しに参加させていただくなど、名実ともに成田の地元企業として認めてもらえるようになってきました。

結果として、免震14階建ての新社屋を京成成田駅東口に平成29（2017）年に竣工させ、移転できました。その翌年、翌々年にホテルを1棟ずつ平山建設で受注、オペレーションを子会社で請け負わせていただくことができました。現在は、免震18階建て320世帯の賃貸マンションを竣工したところです。間もなく新たに18階建ての免震マンションも着工します。

父は、「7年間は伴走してやる」という言葉通り、6年間二人代表制を通し、その後、常勤監査役を1年あまり務めてくれました。毎日「俺は常勤監査役だから、お前を毎日監査してやる」と豪語し、平成26（2014）年の9月末まで毎日元気に出勤していました。

しかし、実は手術して完治したはずの大腸がんから、平成21（2009）年には肝臓がんを再発してしまいました。肝臓がんも手術したのですが、その2年後、今度は手術のできない肺の深い部分に肺がんが見つかりました。父は「もう治療はいい」と抗がん剤治療を拒絶しました。

それでも、それから3年間、前述のように会社には出勤し、大好きなロータリークラブのお役目を果たし、60年間の趣味、尺八を続け、充実した日々を送っていたように私には見えます。

よく金吾が孫3人を並べて、「我家の五箇条」や、論語の素読をさせて喜んでいたのを思い出します。自身も若い頃から陽明学に興味を持ち、有名な安岡正篤先生のご高弟にあたる千葉県光町の越川春樹先生の「懐徳塾」で中国古典を学んでいました。越川先生が亡くなられたあとは、自宅に、安岡先生の薫陶を受けた芹山素一さんを招いて「松蘭会」としてさらに学び続けていました。自宅で学びの場を設けたのは、金吉、金吾と続く中国古典の素養を孫に受け継がせたかったのだと思います。

平成26年9月最後の週末に尺八の練習をしたあと、急速に体調を崩し、翌日入院します。それでも、日々を平穏に過ごしていたように私には見えました。12月に入った頃だったか、病院を見舞いに訪れると母も帰宅してしまったようでした。ちょうど夕食を看護師さんが持ってきてくださいました。

父は「お前に親孝行させてやる」と言って、私に食事の介助をさせてくれました。あまり接することの少ない親子関係ではありましたが、それが最後の思い出となりました。その後、12月27日に静かに息を引き取りました。79年の見事な人生でした。

ちなみに、父の葬儀の日に前述の新社屋の融資が下りたと銀行の支店長から電話をもらいました。父の執念が後押しをしてくれたのかもしれません。

金吉、清、いち、金吾と、それぞれしっかりと時間をかけて後継者を育て、教育し、導き、見守り、見届けた上で、静かな最後を迎えました。私は経営者としても、親としてもまだまだです。先祖を見習い、後継者の育成に努めていきたいと改めて思っています。

平山家は、このようにして代を重ねてきました。どこにでもあるような小さな建設会社かもしれませんが、それでも120年も会社が続くには、何かしらの理由があるはずです。私たちの場合、それは隔世教育により、一族の考え方、生き方を時空を超えて確実につなぐことであり、そして祖父母からの強い愛情が絶対的な肯定感を生み、事業を前へ、前へと革新していく力になるのだと思います。

第二部では、平山金吾がまとめた31の言葉をひもときます。これは、平山建設の社内では毎日、その日付に合わせて、意味するところを学び直しています。こうした日々の積み重ねが、組織を持続する上では、とても大切なことだと考えています。

第二部

人生の指針となる言葉

金吉（左）と金吾（右）。昭和37年頃と思われる

第二部

第一章

良き習慣を作る

1日

「早起きの経営者に敗北者なし」

「成功者は皆、早起きの習慣を持っている。夜のお付き合いはほどほどに、早寝早起きを励行し、読書と健康維持を心掛ける」（平山金吾、以下同）

第1日目にこの言葉を持ってくるだけあり、生涯金吾は大変早起きでした。昭和10（1935）年生まれの金吾は、国民学校生、いまの小学生として太平洋戦争を迎えました。その頃から、早起きのくせをつけて、日本の国のために成田山に早朝に朝参りをしていたそうです。

時は流れ、私と2世帯同居をし始めた60代の頃でも、金吾は早起きでした。1階が食堂、仏間などの共同スペース、2階が父母の寝室・書斎、3階に私と家族が住んでいました。私が朝起きて形ばかりの坐禅を組んでいると、下の階から金吾の尺八の音が聞こえてきたものでした。その後、金吾は身支度を済ませると、誰よりも早く出社していました。尺八の練習は、金吾が亡くなる3カ月前、最後の入院までずっと続けていました。

つい先日、ある経営者から「生前、金吾さんから『俺は誰よりも早く会社に行く。経営者は早起きでなければならない』と聞いた。翌日、本当に金吾さんが会社に7時には出社しているかを確かめるために平山建設に行ってみた。予告もなく行ったが、有言実行、ちゃんと普通に出社して、仕事をしていた。それ以来、金吾さんを見習って私自身も誰よりも早く出社するようになった」と教えていただきました。

実家から出て大学に入って一人暮らしを始めたとき、父からもらった安岡正篤先生の書、「傳家寶（でんかほう）」に「良からぬ習慣におちるべからず、人生は習慣の織物と心得べし」とありました。「失敗者と成功者の間に横たわるただひとつの違いは『習慣の違い』である。良い習慣はあらゆる成功の鍵である。悪い習慣は、鍵のかかっていない失敗という名の部屋のドアのようなものである」（『地上最強の商人』オグ・マンディーノ）といわれます。早起きは良い習慣づくりの第一歩ではないでしょうか。

ちなみに、昨今働き方改革が強く求められています。建設業ではどうしても夜に仕事をする社員が多いのですが、私は夜に仕事するのはあまり得意ではありません。夜はどうしてもいろいろな会合などが入るのですが、朝は5時半くらいまでには起きます。

その後、坐禅を組んで頭をすっきりさせた上で仕事に取りかかります。ちょっとしたプレゼンの原稿は出勤するまでにできてしまいます。夜と朝とでは倍以上生産性が違います。働き方改革は生産性革命でなければなりません。時間当たりの生産性をいかに高くするかが、社員も、お客様も、会社も立つ、三方良しの働き方改革ではないでしょうか。

2日

「寝る前の反省」

「失敗の反省も大切だが、成功の要因を探る反省が成功の秘訣。成功した要因を分析し、これを心に留め、次なる成功を生み出していく。やるべき事を徹底してやり、心残りをなくし、枕を高くして眠る」

金吾のメモによると、この言葉は松下幸之助翁のものだということです。

長所伸長法とよく言われます。自分がなぜ成功できたかをポジティブな思考で分析することの大切さを金吾は強調していました。失敗の分析だけだと、どうしても行動が萎縮してしまいます。

また、常に謙虚であることも強調していました。金吾の部屋の扉の出入りで必ず目につくところに、武田信玄公遺訓が貼ってありました。

「およそ軍勝五分をもって上と為し、七分をもって中と為し、十分をもって下と為す。その故は、五分は励を生じ、七分は怠を生じ、十分は驕を生じるが故。たとへ戦に十分の勝ちを得るとも、驕を生じれば次には必ず敗るるものなり。すべて戦に限らず、世の中の事この心掛け肝要なり」

　成功した時こそなぜ成功できたのか、有頂天になるのではなく謙虚に反省することが大切ではないでしょうか。成功が続くと、つい「自分がやればなんでも成功に導ける。私の意志の強さ、判断力、胆識をもってすれば世の中に不可能なことなどない」と思ってしまいがちです。武田信玄公遺訓にあるように十分の軍勝、成功こそが罠なのです。謙虚で素直な目で自分の成功を見つめ直し、なにが成功の要因であったか、なにが足りなかったか、自分に反省すべきだと金吾は言っているのだと私は考えます。

「枕を高くして眠る」という言葉は、現在でも社内で「寝る時に今日はあれをやっていなかった、これをしくじったと後悔することなく、『枕を高くして寝られる』仕事をしよう」とよく話に出てきます。

　建築の仕事は多くの人が関わり、複雑に要素が絡み合っています。やろうと思えばどこまでもやることが終わらない業種ではありますが、それだけに「後悔をしない、枕を高くして寝る」仕事ができるように、毎日「反省」することが大事です。

3日

「嘆きの人生から、喜びの人生へ」

「主体的に生き、人頼りをしない。『抱いてやれば、おぶってくれ』、これでは人頼りの人間をつくるだけ。すべてを自己責任で解決する。他者に期待した分だけ落胆も大きい」

「抱いてやれば、おぶってくれ。おぶってやれば、抱いてくれ」とは創業者、金吉の言葉です。人頼みの姿勢の人はなにをしてやっても、次から次へと他人への依頼心ばかりが増えるだけです。金吉は大変正義感の強い人で、人頼みの姿勢が大嫌いだったようです。昭和6（1931）年に金吉は「我家の五箇条」という家訓を作っています。明治の奮闘努力の気風を受け、実業を目指した金吉ですので、この五箇条は自分の心構えと行動によって運命を切り開いていくのだという構え、自分の重要な人生を人頼みにしないという姿勢で貫かれています。私の想像ですが、明治大帝が公布された近代日本の原点となった「五箇条の御誓文」を意識して五箇条にまとめたのだと思います。「我家の五箇条」について、詳しくは31日の節で説明します。

不幸に遭ったときでも、自分がすべての原因、責めを負うのだと思えば、人への恨みつらみは消え去ります。しかし、「あのとき、あの人が○○なことをしたから俺はいつまでたっても不幸なのだ」といつまでも思っていれば、「人頼り」の姿勢から抜け出せません。まさに「嘆きの人生」です。たった一回きりの自分の人生を人を恨んで過ごすのは、無駄ではないでしょうか。人からなにをされても「主体的に生きるのだ」と決断していれば、出会う人は良い人でも悪い人でも、誰もが自分の「師」となります。

仕事をしているとつい「善悪のぎりぎりのところでなんとか話をまとめてしまえ」とか、「多少のところはお客様に言い訳をしてでも乗り切ってしまえ」などと思ってしまいがちです。しかし、人頼りをしない生き方を金吉以来、金吾に至るまで貫いてきた姿を見てきているので、人に依存しない生き方こそが「喜びの人生」なのだと私は断言できるのです。

主体的な生き方を選択すれば、たとえひとつの現場に対しても、自分で責任を取るという覚悟が迫力を生みます。実際には、社長であってもすべての仕事を一人で完遂することはできません。現場代理人であっても、その現場で事故でもあろうものなら、その被害を賠償することはできません。

それでも、自分の気持ちとして「すべてを自己責任で解決する」という覚悟が肝要です。

ましてやお客様に対するときには、主体的に生きる姿勢が大切です。もちろん会社は常にスパイラルアップしていかなければならないので、起こった事象はＩＳＯ９０００等に基づいて会社全体で仕組みとして解決していく必要があります。このことは後で触れます。

良いことをすれば、人から認めて欲しい、評価して欲しいと思うのが人の常です。気がつけば半世紀以上生きてきて、不思議なくらい、人に知られない善行や努力を積んだことが力になっているように思います。良いことをしても、人から褒められれば、善行の力はその時点で尽きてしまいます。人から認められなくとも良いことをやり続けることがとても大切です。これを「陰徳」というと金吾から教えられました。

ただ、陰徳の力が大なりとはいえ、善行が力を発揮するには時間がかかります。10年くらいひとつのことをやって初めて、陰徳が「力」となるのではないでしょうか。平山建設に平成７（１９９５）年に入社した頃は、「金吾さんに息子がいたのか？」と協力業者さんに言われるほど私は目立たない存在でした。

それでも、人から評価されなくとも、社員の物心両面の幸福追求の基本である会社の存続、発展に力を尽くしてきたつもりです。入社して5年でホテルの開業ができ、10年で社長になった頃から、ようやく人さまに名前を覚えてもらえるようになりました。さらに、社長を10年務めて、ようやく多少は認めてもらえるようになりました。発憤努力してもなかなか実績が出ません。いかに長い目で自分を見つめて隠れた努力、陰徳を積む精進を続けるかが大切です。

隠れた善行とは対照的に、悪行の結果はあっという間に出ます。隠れてやったつもりでも、必ず人の噂になってしまいます。善行が年単位で明らかになっていくのに対し、悪行は下手をすると翌日には人に知られてしまいます。

よく言われることですが、「少数の人を長期間だますこと、多くの人を短期間だますことはできても、多くの人を長期間だますことはできない」そうです。ただひたすらに陰徳を重ね、悪いことはしないことが人生の基本ではないでしょうか。

4日

「今日は今日、
明日を思い煩うこと勿れ」

「今日のことは今日にて足れり。今日の日を精一杯生きれば達成感が得られる。よくやったと自分をほめてやる。明日を思い煩わずに安眠することが明日への活力」

この言葉はもともとは、聖書の言葉です。福音書マタイ伝6章34節の「山上の垂訓」の一節です。神を信じる者は、信仰があればなにも不安に思うことはないという言葉です。成田の老舗と聖書がどう関係するのか不思議に思われるかもしれませんが、金吾に授けられた教育の結果なのです。

11人兄弟の5番目の長男として金吾は生まれました。だから「きんご（吾、五）」なのだと私は思っています。金吾の「金」の字は曾祖父、金吉の一字から取られています。金吾は金吉の還暦のときに生まれました。金吾の上には姉が4人。その下には弟が2人と妹が4人。小さい頃から女系の中で育った金吾を見て、早くに外に出すことが肝要だと金吉、清・いちで意見がまとまったようです。

そこで戦後開校されて間もなかった聖書学園（現在の千葉英和高校）に入学させます。国民学校の頃は仏教寺院である成田山に朝参りしていたのに、中学でキリスト教とは

180度転換ですが、この間に敗戦があったことが大きいのかもしれません。中高一貫のキリスト教教育を特色とする聖書学園でキリスト教について学んだそうです。著述家として有名な青木匡光さんをはじめ、その頃の友人たちとは生涯つきあっていました。

さらに金吾は都内の九段高校、早稲田大学へと進みます。平山家において跡継ぎはできるだけ家から離して、そして、できる限り高い教育を授ける努力をしています。私もそうして教育を受ける機会をもらいました。親、先祖に感謝したいです。

キリスト教の信仰の絶対的深さを学び、自分自身を信じて、仲間を信じて、精一杯、一日一日を過ごすことの大切さを金吾はよく話していました。困難、ストレス、課題、問題、悩みは私たちの前に立ちはだかって、どこにも道が見つからないように思えるときがあります。どれだけ努力しても、成果に至る解決策が見いだせないときがあります。

しかし、金吾の言うように、今日一日、今日一日と一歩一歩をできる限りの決断と行動で踏み出していくことが大切ではないでしょうか。私たちも自分たちを信じて、仲間を信じて、先へ先へと進化・発展・繁栄していきたいものです。

左から、金吉、金吾、いち、清。金吾が商売を始めた頃の写真と思われる

第二部

第二章

お金について

5日

「御金は命の次に大事」

「信なくば立たず。モノカネと信頼の価値判断を誤るな。お金の使い方がその人の人生を決める。『正直の頭に神宿る』。不正な金が一文でも入れば、財産のすべてが腐る」

「不正な金が一文でも入れば、財産のすべてが腐る」――。よくよく心しなければならない言葉です。

戦後の建設現場では「飯場」と呼ばれる寄り合いの宿舎があり、日雇い労働者がたくさん働いていました。当時は、だいぶ荒っぽい人がいたそうです。現場監督をしていた金吾に、それこそ命の価値とお金の価値を逆に考え、お金のためなら自分の命も要らないという勢いでつっかかってくる労働者もいたそうです。

「お金は命の次に大事」というと、いかにも金の亡者のように聞こえますが、それは逆です。「信頼こそ最高の財産」であり、お金はあとからついてくるものにすぎません。

金吾のメモによると、二宮尊徳も「一斗の水に一滴の油を落としたら水として使いものにならなくなる」と言っているそうです。幼い頃から苦労を重ね、生涯清廉潔白で、自分で信用を打ち立て、将軍へのお目通りまでかなったという二宮尊徳にこそ、お金の使い方を学ぶべきかもしれません。

そもそも、お金、つまり目の前の損得にこだわりすぎると、信頼を失います。昨今見ていると、いくつもの名門企業、大企業、経営者がお金と信頼の大切さを間違え、スキャンダルが起こり、何社、何人が「退場」していったことでしょう。

金吾の言う「命」とは自分の人生そのものです。目の前のお金、損得にこだわると、長期的な信頼関係を構築できなくなってしまいます。お金、損得にこだわる人を一体誰が尊敬できるでしょうか。「お金、お金」と言っていると、逆に自分自身が信頼を失い、苦境に陥ってしまいかねません。

でも、確かにお金、利益がないと会社は立ち行きません。私たちの給与ももらえなくなってしまいます。お金、利害を超えてこそ、この矛盾を解決できます。金吾は、自分の死の床にあっても、お金に対してどのように向き合うかの手本を示してくれました。

平成26(2014)年の11月頃、病床の父が、母のいる前で「お前はこの母親を生涯支えられるか?」と私に聞きました。私は「もちろんです」と答えました。

「本当に支えられるか？」

「もちろんです」

「この母親を支えるのは大変だぞ」

「（動揺しながら）は、はい、支えます」

問答のようなやりとりがありました。そして、

「そうか。相続は（母を経由した）二次相続にせずに、一度でやる道（一次相続、直接相続）もあるぞ。よく研究してやるように」

と言い残してくれました。亡くなったあとに、私は仕事がらファイナンシャルプランナー試験合格者なので、自分で相続税のシミュレーションをやってみました。すると、ちょうど父が残してくれた資産で相続税が払え、事業継続に必要な資産を、私が母を経由しないで「一次相続」で相続できる形になっていました。遺言があったわけではありませんが、実によく財産が整理されていました。

父の亡くなった翌年1月には分割協議書に、母と妹と私の3人で印鑑をつきました。3月には資産の移転をあらかた終え、10月末には相続税を全額払い終わりました。相続税は、

父の残してくれたものの中から払い終えることができました。しかも、父が「一度で」と言った通り、十分に対策ができていたので一次相続で自社株を含む資産の大半を私が相続できました。宣伝ですが、生前父が平山建設で賃貸マンションを3棟建ててくれた相続税の節税効果、資産形成効果は絶大でした。

さらに言えば、母に保険をちょうどいい金額分だけ残してくれていました。相続の手続きは終了したものの、なかなか相続に伴う銀行の「口座凍結」が解けず、とはいえ葬儀やお墓で物入りな時にちょうど賄えるだけの保険でした。

お金で愛は買えません。しかし、お金の使い方で愛を伝えることはできます。保険ひとつとっても、金吾が大変きちんとした形にしていました。私の母は保険を通して、金吾がしてくれたことに気づいたときに涙腺が決壊していました。金吾は「お金は命の次に大事」という自分の言葉通りのことをしてくれていたのだと、あらためてこの言葉の大切さに気づかされます。

6日

「集金より支払いに気を遣え」

「西洋のことわざに、『支払いのよい者は他人の財布も自分の物になる』とある。身の回りを見ても、金払いが悪くて成功した人はいない」

これは金吉の言葉であったそうです。

材木業や、建設業は多くの協力業者の方々によって成り立っています。建設業は受注産業です。受注産業とはお客様の発注があって初めて成り立ちます。

言うまでもなく、お客様のご注文は多様であるために、すべての職種を自社で抱え込むことは容易ではありません。一軒の戸建住宅を建設するにも20工種以上の専門職が必要です。おかげさまで平山建設は長く建設業を営んでいるため、中には親子三代にわたっておつきあいさせていただいている協力業者さんもいます。そうした方々と時間をかけて物心両面のやりとりによって信頼を築いてきました。

とはいえ、信頼の基本はやはりお金の支払いです。お金の支払いが遅れる、滞ると、一瞬で長年にわたって築いてきた信頼を失います。平山建設では創業以来、現金払いを基本としてきました。信じられないかもしれませんが、大手ゼネコンさんでもいまだに手形(電債)の数カ月後払いという支払いが横行しています。「集金より支払いに気を遣え」は、協力業者さんとの信頼関係を築く基本です。

逆を考えればよく分かります。

支払いの悪い、信頼されない人には、仕事も回ってきません。約束を守る人に仕事は集まってきます。支払いを受ける側の人たちは、支払う側の人の姿勢をよく見ています。建設業でいえば、現場の担当者を協力業者はよく見ています。

現場の指示が的確な担当者、仮設の手配・工程管理など約束を守る担当者、そしてなによりも、約束の一番の根源、支払い手続きが確実な担当者。こういう人を業者さんは信頼し、「〇〇さんの現場ならぜひやりたい」となります。

逆に、指示が的確でない、約束は守らない、予算管理が徹底せず、今月もらえるはずのお金がいつ入るか分からない――こういう担当者は信頼されません。「人の財布も自分のものになる」くらい、信頼される人物となりましょう。

平山建設は京成成田駅東口で200戸、300戸と、(私たちにとっては)大型の賃貸マンションの建築や、ホテル建築を行っています。建設の仕事は大きな仕事であっても、契約をするときには在庫としてマンションを持っているわけではありません。

しかし、お客様から「平山建設ならやってくれる」と信頼されて、契約をいただき、お金をいただけます。さらには、信頼され、建築させていただいた賃貸マンションを管理したり、ホテルの運営も行ったりしています。

まさしく「人の財布も（意図せずして）自分の財布になる」というありがたいことが起きているのだと感謝しています。

7日

「借り方人生より貸し方人生」

「ギブ・アンド・ギブで行く。ギブ・アンド・テイクでは貸借が零。貸越人生になってはじめて福が来る」

辞書で「借り方」を引くと以下のように出てきます（『広辞苑』第一版より）。

【借方】
① 借りた方の人。
② 借る手段。
③ 簿記上の慣用語。勘定口座の左方。資産の増加、負債または資本の減少、損失の発生などを記入する部分。⇕貸方

金吾は「貸し方」の言葉に、2つの意味を込めていたと思います。

字義通りに取れば、自分の人生において恩義、徳目を「貸すほうの人」、人に与える人となりなさい、「借り方」、借りる人で居続けるのでは「福」が来ないということです。

もともとは、聖書学園の頃からの親友である青木匡光さんが戦後に物資が窮乏していた

昭和26（1951）年頃に言っていた言葉だそうです。青木さんは当時まだ中学生。すごいですよね。

金吾は、「道徳と経済は一体である」という思想の持ち主でした。右手に論語、左手に算盤という道経一体の立場からこの言葉を考えると、前述の辞書の3つ目の説明が指す「資本」の意味にも解釈できます。自分の人生の成果を貸借対照表になぞらえて、「徳」を「自己資本」と捉える考え方です。

金吾は理工学部建築学科の出身ですが、会計、財務、人事に明るかったです。私も経営者の端くれだから断言できますが、会計に通じていないと、そもそも利益の出し方が分からない。最低でも、財務諸表の貸借対照表の資産とはなにか、負債・他人資本とはなにか、自己資本はどうやったら厚みを増すことができるのかを理解するのは必須です。

ちなみに、資産の側を「借り方」（Debit）と言い、負債・資本の側を「貸し方」（Credit、信用・信頼の意）と言います。これは資本家の側から見たときの見方です。資本家・金融機関側からすると、貸借対照表の貸し方は経営側にどうお金を調達させるか、貸すかを示します。借り方とは経営側が資本家・金融機関から借りたお金をどういう形で運営しているかを示します。

「借り方」のほうは、現金、建物、自動車、制服など「資産」と呼ばれる会社の運営に必要なすべてで目で見え、手で触れるものです。対して、「貸し方」とは約束ごと、契約で成り立っています。経理的に言えば、借り方の側の資産をどうやって調達しているかを表します。資本家・金融機関と会社との約束であり、資本家・金融機関側から見たときの会社の姿です。借入金、未成工事受入金などの残額を示す「負債」と、株主の出資金とこれまでの純利益の合計などで構成される「自己資本」となります。建設会社の成績表、点数づけの「経審（経営事項審査）」においても自己資本比率が最も重要視されています。

「借り方人生」とは「借越人生」という意味で、自己資本を十分に持たず「債務超過」状態の人生を意味します。人からお世話になりっぱなしで、なんの恩返しもできていない状態です。「貸し方人生」とは「貸越人生」という意味で、人生の自己資本が十分に充実していて、負債が少ないという意味です。まさに「ギブ・アンド・ギブ」の生き方の結果が金吾がひとつの理想としていた「貸し方人生」「貸越人生」になります。会社も財務の意味でも、徳という意味でも全く同じです。

金吾の言葉の「貸越人生」とは、この貸借対照表を人生に例え、自分の体、これまでの勉強の集積、自分の車や家、家族などの「資産」の裏にある「負債」、様々な方々からのご恩、お約束に気づけということです。

私たちは両親や、先祖、国や伝統に莫大な負債を負っています。負債と言わず「恩」があると言ったほうが本来よいかもしれません。この負債を少しでも返済し、今度は自分が子供や、お客様、地域の方々などに対するご恩返しを積み重ね、徳を累積することが「自己資本」であり、「貸越」となります。多くの人の恩をいただきながらも、不幸や、嘘偽りを重ね、債務超過になってはいけないということです。

8日

「保証人になるな」

「多額の保証人になるなら、小額を呉れてやる。ましてや人の保証をするな」

含蓄のある言葉です。3日の「嘆きの人生」で述べたように、金吾は、人頼りの人生、人頼りの仕事をすることをとことん嫌いました。

一般には、無理をしてでもお世話になった方であれば、保証をしてあげることは、その人のためだと思いがちです。しかし、保証を第三者にお願いすることは人生の根本である「信頼」を人頼りにしてしまうことです。また、簡単に保証人を引き受けてしまえば、頼んだ本人に「また苦しくなったら誰かを頼ればいいんだ」という人頼りの人生の習慣を作ってしまうことになります。

そのような習慣の結果が、人生をもっと大きな破滅に導いてしまうことは明々白々です。ましてや、自分から保証人を誰かに頼む、自分の人生の根本を人任せにしてしまうことは厳しく戒めねばなりません。

最近では、保証会社や保険が発達して、保証人を求められることは少ないようですが、この言葉は、自分は、自分の責任の範囲のうちで仕事をしろという意味でもあります。生前、金吾は共同事業ですら責任の所在が不明確になると大変嫌っていました。

自分で自分の仕事に責任を持つ。仕事が右肩上がりのときはついつい大きな借り入れ、大きなリスクを負ってでも、仕事を追いかけてしまいがちです。しかし、稲盛和夫先生が『京セラフィロソフィ』に書いているように本来、自己資金で仕事の拡大をすべきです。借り入れをする、まして保証人を立てないと借り入れができない状態では、仕事の拡大はすべきではないというのは長い目で見たときの真実です。

一見、人に冷たい態度のように聞こえがちですが、「少額を呉れてやる」ことは大きな徳につながります。お金は貸せても、人に「呉れてやる」ことは自分自身にトレーニング、習慣化が必要な行為です。助けを求めてきた人に対して、本当に長い目で見て、その人の立場に立ってなにが一番ためになるのか、愛をもって真剣に対応すべきであることは言うまでもありません。

9日

「土地の売買」

「売って呉れと言ってきたら売れ、買って呉れと言って来たら買え。土地の売買などでは、この事だけ守っても倍の利益がでる」

この言葉には、金吉、清・いち、金吾と続く、平山家の伝統を見る思いがします。文字通り、裸一貫で芝山から成田に出てきた曾祖父は、当初は相当に苦労したと聞きます。しかし、成田の方々から信頼をいただき、「大店」の方々にお世話になって、昭和の初めには、1000坪を超える材木加工工場を構えるまでになります。

さらに、その周辺の土地を金吉、清・いちと代を重ね、譲っていただくことができました。正直、金吾から私に相続された成田市内の土地は、実はいまだにどこまで広がっているのか分からないほどの面積があります。祖母は材木や建築資材の商売の中で自然に土地の売買を行い、昭和40年代に成田ニュータウン構想が持ち上がったときには、七町歩（7ヘクタール）ほどの土地を提供したと聞きます。

これは財産自慢をしたいのではなく、ご先祖様たちが自主独立の道を歩み、信頼を重んじてきたので、結果として不動産を取得できたということに学びたいのです。そんな中でこの言葉が出てきたのだと理解します。

土地を買い主から売ってくれ、買わせてほしいと言われて売るのと、こちらから買ってほしいと言って売るのとでは、確かに土地の値段は全く違います。以前、街から大分外れた場所に平山建設の資材置き場がありました。しかし、たまたまここが道路にかかることになり、成田市の職員の方が金吾のところに話をしに来ました。

金吾は、その場で成田市に土地を譲ることを快諾しました。バブルが崩壊して地価が落ち込みつつある中、成田市の買い取りの手続きがスピーディーに進んだので、よい単価で買い取ってもらうことができました。

さらに、当時国鉄清算事業団が駅周辺の土地をかなり低めの価格設定で入札に出していました。ちょうどタイミングよく京成成田駅東口の土地が出たので、買い求めることができました。これが、現在のセンターホテル成田1の敷地です。最近の取引を見ていると、当時の価格の3倍程度になっているようです。まさに売ってくれと成田市から言われれば売って、買ってくれと国鉄清算事業団から言われれば買ったわけです。

平山材木店の軒先を借りて始めた平山建設

第二部

第三章

積徳の方法

10日

「身銭を切る訓練」

「関係団体への寄付は陰徳を積む訓練。ポケットマネーからの報恩が子孫に徳を残す。西洋でも可処分所得の一割位は人様のお役立ちに使う事を習慣としている。幸福者、成功者は皆実践している」

祖父の清と祖母のいちは物乞いが来ると、「お前はまだ働ける、努力を怠るな」と説教をした上で、にぎりめしに必ずおかずまで付けて恵んでいたと聞いたことがあります。小さなことですが、自分の先祖がしてきた「身銭を切る」という徳を積む行為を自分の代で終わらせてはならないと強く感じます。

金吾が亡くなる前の数年間、一緒に成田ロータリークラブに所属し、活動させてもらうことができました。すでに社長を任され、金吾も代表を降りた後なので、会社の活動についてはすっかり自分で采配できるようになっていました。金吾の考えについても古希のときに作った「31の言葉」を私なりに理解はしているつもりでした。

しかし、ロータリーで「奉仕」の活動をし、多くのロータリーの仲間と交流している金吾の姿を見ることができ、本当によかったと思っています。それは、単に仕事以外の父の活動、父の交友関係を見たばかりでなく、心から相手を思って「身銭を切る訓練」をする実践を体験できたからです。

ロータリーでは、様々な「身銭を切る訓練」の場があります。例えば、例会の最初に「ニコニコボックス」というのがあります。これは、自分になにかいいことがあったらそれをクラブのみんなと共有し、そして、「ニコニコボックス」という箱にお金を入れます。このお金は外部に対する奉仕活動の基金となります。

あるいは、ロータリー財団、ロータリー米山記念奨学会というのがあります。単にお金を相手にあげるのではなく、顔の見える関係で、自分自身がそこに関わりながら支援を必要としている留学生や地元の団体、ポリオで苦しむ人々へ奉仕を行います。そうした草の根の活動が巡り巡って世界をより良いところにしていくのだと、私もいまでは思えるようになりました。

金吾の言葉には、「一日一日を大切に生きる」ことの大切さが繰り返し語られています。今日一日を精一杯生きればいいと。一方で、人生を長い目で見ての行動、例えば「反省の習慣をつける」「陰徳を積む」ことを語っています。これらは矛盾するように思えますが、人とのご縁を大切にする金吾の生き方を見ていると、そこに矛盾はなかったのだと感じられます。あとに続く者として、金吾の言葉と生き方の両方を見てきましたし、今後もそうありたいです。それが私が本書を書こうと思い立った所以です。そして、老舗企業というのは、このように言葉を媒介にしながら、一族が商売のあり方を体内に取り込むことで続いていくのだということを、これを読む方に知っていただきたいのです。

前出の「お金は命の次に大事」というと、金吾はそんなにお金にこだわっていたのかと勘違いしてしまう人もいるかもしれません。そうではないのです。お金のために命の大切さ、命の使い道を誤る人が、あとを絶たないことを戒めている言葉です。

身銭を切ることとは、それでも人さまのためになることであり、その行動を心からするのであれば、大変な思いをして稼いだお金でも、その目的に使えるかという意味です。自分の使命のために、自分自身の覚悟を試す訓練をしろという意味です。

11日

「感謝報恩の実践」

「見えないものにこそ感謝。天地自然の恵みに感謝し、その働きに畏敬の念を持つ。日常の小恩には恩返しをするが、自然の大恩恵に報いる者は少ない」

井戸の水を飲むときは、井戸を掘ってくれた人のことを思いなさいといいます。私たちを囲むすべてのもの、すべての環境は先人の叡智と努力のおかげです。水を飲んでいても、道路を歩いていても、感謝報恩以外に生き方はないことを実感します。

「感謝報恩の実践」という目で見ると、この世は陰徳で成り立っていることがよく分かります。太陽は、自分がすべての万物を恵み潤しているといって自慢したことがあるでしょうか。その姿の美しさ、優しさで人をいやしてくれる野の花が、その見返りを求めたことがあるでしょうか。人の世も同じです。

「小恩には恩返しをする」。これは人間として当たり前のことです。

金吾は一族の葬儀の記録を詳細に取っていました。「いただいた恩には必ず報いる。しかも、相手の負担も考えれば、いただいた分をきちんとお返しする。長く門前町でいろいろな家の冠婚葬祭、栄枯盛衰を見ていて、これは社会の常識だと思うようになった」と語っていました。

私たちも、人の住む温かい住空間に関わる仕事をしています。学校や野球場（成田市のナスパスタジアム）、賃貸マンションなど多くの方が使う建築物を建設しています。社会の成り立ちに関わる仕事をしていると自分たちの作品を誇りたくなります。建設させていただいたすべての建築物に自社の名前を刻みたいと。よこしまな思いに駆られます。

しかし、すべてはお施主様のおかげ、先人のおかげ、社会を維持するために努力されている方々のおかげだと感謝することができれば、野の花のようにただ黙々と自分の仕事に勤しむことのみだと気づきます。自分の持てる力の限り、いただいた仕事に感謝をもって、「ど真剣」に臨むことこそが「感謝報恩の実践」だと考えます。

いま、自分があるのも親のおかげです。親のまた親と、10代さかのぼると千人を超える先祖がいて、初めて自分がいます。人権、人権というが、その人権を日本で確立するためには数万、数十万の血が流され、初めて近代の国家体制、法律体系ができました。そうした御恩があることを忘れてしまえば、人ではなく、もはや獣です。仕事をする上でも、お客様の恩、先輩の恩、良き社風の恩があることに感謝したいです。

さらに言えば、天に輝く太陽に誰が感謝するでしょうか。これを書いている瞬間も心臓は動いています。呼吸をしています。喉が渇けば水を飲みます。カントの言葉に「天上の星と我が内なる道徳律」という言葉がありますが、天地自然の法則、大自然の恵みによって「生かされている」という自覚を持つことが「自然の大恩恵に報いる」ことの第一歩ではないでしょうか。

私が通った高校の入り口には「麗澤とは太陽天に懸かりて万物を恵み潤すの義や」という廣池千九郎博士の書になる額が掲げてありました。太陽は誰に感謝されようともせずに、ただただ万物を生成化育（せいせいかいく）する根源の力を与えてくれています。

とてもとても太陽のような存在にはなれないまでも、天地自然の恵みに畏敬の念を持ち、感謝を忘れないようにしたいです。

12日

「良きフォロワーこそ、良きリーダーの資格」

「人によく仕える者こそ、将来のリーダーたる資格者。人によく仕えてこそ人の気持ちがよく分かる。自分の地位権力に溺れず、責任の重大さに気付く事こそ肝要」

身にしみる言葉です。会社の中を見ていても、一担当者から管理職層に昇進していく時期が一番、戸惑いが多いように思います。上に立つだけがリーダーシップの訓練ではありません。一兵卒のときから、どう志を持つかで、リーダーシップ訓練は始まっています。自分たちがフォロワーで上司先輩に対応するところから、急速に自分がリーダーの立場に変わっていくことを実感するときに、「自分がお仕えした上司は自分にどのように接してくれていたか」を自問自答する人は育ちます。良きフォロワーであれば、上司の行動をきちんと思い出して、リーダーシップを自然に実践していきます。

平山建設では、「4つの徹底」の行動目標を定めています。

一　5S（整理・整頓・清掃・清潔・躾）を徹底します。
二　会社の内外での、あいさつ、声がけを徹底します。
三　メモ・ノート・議事録を徹底します。

四　行動情報共有を徹底します。

こんなことは当たり前だろうと思われる事柄ばかりですが、新入社員から社長に至るまで例外なく「徹底」することが大事だと私は思っています。さらに言えば、「自分の地位権力に溺れず、責任の重大さに気付く」ために、リーダーこそが掃除を徹底する、自分から部下に声をかけることが大事です。

ついつい、立場が上になると自分に報告が来て当たり前で、報告・連絡・相談の不足は部下が悪いと勘違いしてしまいがちです。上司も部下も関係なく、「あいさつ、声がけの徹底」を実践し、自分のほうからこそ部下や仲間に情報共有する謙虚な姿勢でいたいものです。果たして、自分から部下に対して情報共有をきちんとしているでしょうか。部下に対してさえも「フォロワーシップ」を発揮して、働きやすい環境、自分の力を伸ばす機会を与えることが上司の仕事ではないでしょうか。

さらに言えば、ロータリークラブにはＲＬＩ（Rotary Leadership Institute）というロータリーの仕組み、成り立ちを学ぶ機会があります。このＲＬＩでは「サーヴァントリーダーシップ」という考え方があり、部下に対して話を聞く、サーヴァント（召使い）のように面倒を見ることがリーダーシップの基本だと説きます。

ＲＬＩで実践的にリーダーシップを学ぶと、サーヴァントリーダーシップが自分の腑に落ちます。訓詁学的根拠は全くありませんが、「聴く」という文字は「十四の心を持って耳を（相手の言葉に）寄り添わせる」と読めます。

「聴く」の字の「耳」が「彳（行人偏）」になり、「十四の心を持って」相手の話を聴き、相手に寄り添った「行動」をすれば「徳」という字になります。上司の側から部下にたくさんの心、思いやりを持って接することが徳の基本なのではないでしょうか。

13日

「福受け尽くすべからず、福受け尽くさば必ず災いあり」

「得意の絶頂に奈落の底が口を開けている。傲慢を戒め、有名無実でなく、無名有実を目指す。低迷している時こそ実力を養い、読書修行し、自身を内観し人生の意義を格す」

「無名有実」とは、実に金吾の生き方を表している言葉です。さらに「修行」「内観」を挙げているのは、金吾が生涯学び続けた生き方を示しています。そして、最後の「人生の意義を格す」とは、自分の人生の意味、目的を問い続けるということではないでしょうか。

昭和37（1962）年に平山建設株式会社を設立した金吾は、順風満帆に社業を発展させ、10周年の昭和48（1973）年には市役所の近く、国道51号沿いに鉄筋コンクリート6階建ての社屋を建設します。しかし、好事魔多し。

盛大に開業パーティーを行った裏では、当時メインの注文をもらっていたハウスメーカーのある幹部の方から「平山は生意気だ」と反感を持たれてしまいました。注文は激減しました。悪いことは続くもので、そんな時期にまだ20人ほどしかいなかった社員のうち、7人ほどが辞めてしまいます。

「昼は現場、営業。帰ってきてから経理、事務。夜は社長室に製図板を常に置いて図面を描いていた」というほど、八面六臂の活躍をして苦境を乗り切りました。ちょうどその頃、金吾39歳にして2番目の子となる、私の妹が生まれ、「この子のためにも頑張らなければ」と発奮したと聞きます。

またその頃、モラロジーという社会教育団体を紹介してくださる方がいて金吾自身も「自分の運命を建て替える、自分自身が猛烈に自己反省する」という心境になります。これまで数々の実績をあげ、自信満々であり、自分は正義だと信じていた金吾は「傲慢を戒め、有名無実でなく、無名有実を目指す」姿勢に変わりました。

最初の男子として曾祖父、父母の愛を一身に受け「福受け尽くす」とはこういうことだったのだ、ここにこそ「災い」があるのだと、自分で反省したのではないでしょうか。そして、ひたすらに自身を内観し、反省し、古今の古典を読み、師に学び、より厚みのある人物へと成長していったのだと、子ながら父を想います。

金吾の生き様と重ねて読むと、この言葉は味わい深いです。

14日

「天地自然の法則は厳しいものである」

「人智の知り得ない厳格な因果律が働いている。『善因善果、悪因悪果』。『積善之家有余慶、積不善之家有余殃』。『為当為、不為不当為』。当然為すべきを為し、当然為してはならない事は為さない。当たり前だがこれが貫徹出来れば間違い無い人生が送れる」

難しい言葉が続いていますが、「やるべきことをやりましょう。やってはいけないことは、やってはいけません。あなたの行動の結果は、あなたの人生か、あなたの子孫の人生に遅かれ早かれ必ず出ます」ということではないでしょうか。

「善因善果、悪因悪果」とは、仏教の言葉です。良い種（原因）を蒔けば（行えば）、太陽の光や、恵みの雨、肥えた土という縁がもたらされて良い果実（結果）が生まれます。逆に悪いことをすれば、必ず悪い結果につながります。幼稚園生でも分かることですが、大人でもなかなかできていません。私も悪い結果につながると分かっていても、つい腹を立ててしまったり、良い習慣に自分を導くことができません。

「積善之家有余慶、積不善之家有余殃」は「積善の家に余慶あり、積不善の家に余殃(よおう)あり」と読みます。「善い行いを積んだ家には、慶事が余りある。不善（悪い行い）を積んだ家には、わざわいが余りある」という意味でしょうか。白隠禅師の「福神見温公語」という掛け軸絵にこうあります。

金を積んで子孫に遺すも
子孫、未だ必ずしも能く守らず
書を積んで子孫に遺すも
子孫、未だ必ずしも能く読まず
如かじ、陰徳を冥々の中に積んで
以て子孫久長の計を遺さんには

出典『白隠 禅画の教え［日めくり］』（芳澤勝弘著）

掛け軸絵の中の掛け軸にこの言葉が書かれていて、さらに恵比寿様と寿老人様がその掛け軸を鑑賞しているという構図に白隠禅師の工夫極まれりと感銘を受けています。自分がいま努力していることは、自分の代では結果は出ないかもしれない。それでも、子々孫々のことを思えば、陰徳を積み、不善をなさない。ここにこそ長寿企業の秘訣があるのではないでしょうか。

金吾は晩年、我流ですが書を書き、余命1年と言われてからは水墨画を描き始めました。そして、金吾と親しい人々に色紙や絵を送りました。その中で一番好んで書いていたのが「為当為、不為不当為」という言葉です。人とのご縁に恵まれ「わが人生に悔いなし」と語っていた金吾にして、人生の到達点はこの言葉であったようです。

「なすべきことをなし、なしてはならないことはなさない」

自分自身が「まさにこのために生まれてきたのだ」という仕事をなし、怠惰や、多少のずる賢いことに誘惑されず、なすべきでないことはなさないと。

一輪の花は命がけで全力で咲いています。花をつけることなく枯れていったり、抜かれてしまう草花はどれだけあることでしょう。花をつけても、出会いに恵まれず次の種を残すことなく散ってしまう花もたくさんあるでしょう。

精一杯命がけだからこそ、花は美しいのです。人間社会では厳しいといっても、命がなくなるような難題はなかなかありません。しかし、人間すらも天地自然の法則によって支配されています。よくよくこの厳しさを身に感じて仕事に臨むことが大切です。

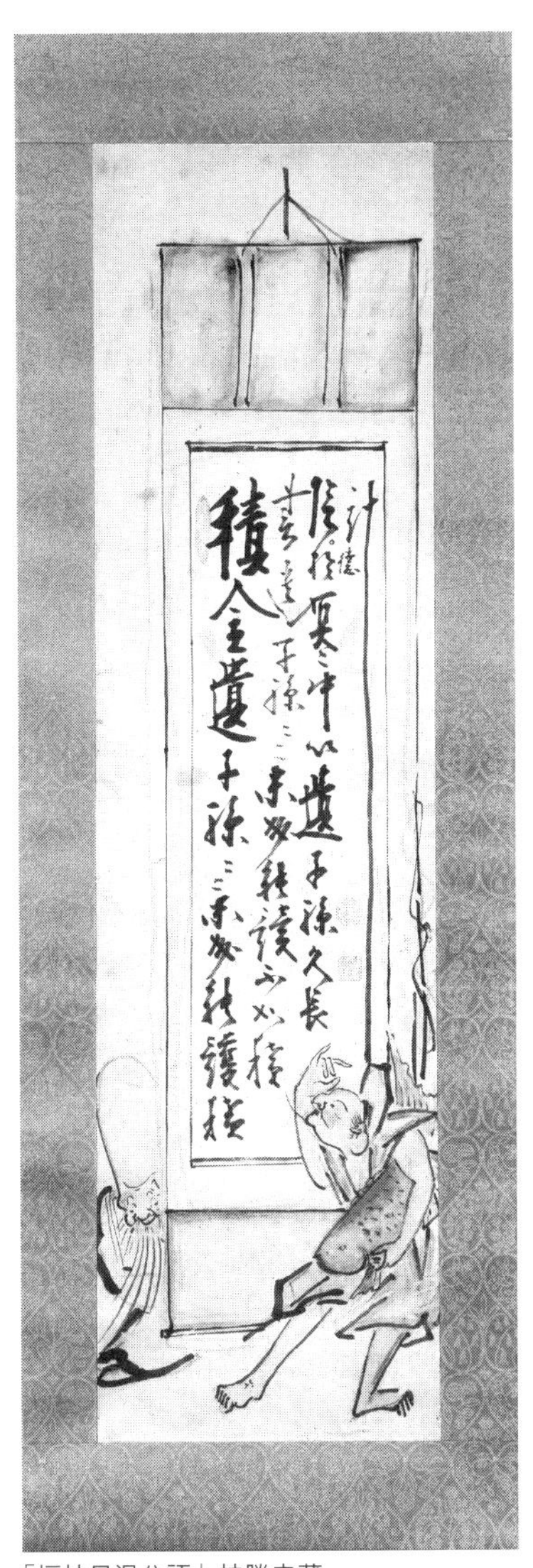

「福神見温公語」神勝寺蔵

15日

「惜福、分福、植福」

「福は誰にでも訪れる。惜しみ惜しみ大切に遣う。福を独り占めしてしまう者と周囲に分け与える人では大きく結果に違いが出る。福もいつかは尽きるので植える必要がある。成功者、幸福者は皆こうしている」

「惜福、分福、植福」は、幸田露伴翁の『努力論』の言葉です。惜福とは自分に与えられた福を使い果たさず、天に預けておくという意味だそうです。分福とは、幸福を人に分け与えること。「植福」とは幸福の種を蒔いておくこと、正しい努力を続けることだそうです。この3つは、そのまま陰徳の考え方です。

「惜福」とは、含蓄に富む言葉で、幸田露伴自身が歴史の英傑になぞらえて説明しています。平清盛はもとより福に恵まれた人物であったが、その福を余すことなく受け尽くしたために、代を経ずに平家は全滅してしまいました。

平家を討った源頼朝も、功績のあった部下に十分に自分の福であった領土を分け与えず、最大の功労者であった義経をも追い落として、自らは征夷大将軍に就いたため鎌倉幕府はたちまち衰えてしまいました。

逆に家康は実に惜福の人で、辛抱に辛抱、我慢に我慢、さらに節約の上にも節約し、最後の最後まで自分が表に立つことがありませんでした。このため、徳川15代260年の平安を築くことができたのです。

家康の言葉です。

「おのれを責めて人をせむるな、及ばざるは過ぎたるよりまされり」

幸田露伴の「惜福」を学んでからこの言葉を見ると、奥深いものを感じます。自分の手が届く限界の手前でとどまること。地位・栄誉を求めないこと。とどまりながらも全力で走り続けること、無心で走り続けることが人の生き方の肝であると実感します。

世の中、どうしても「俺が、俺が」と自分の功績をアピールしてしまいがちですが、それは「福受け尽くす」生き方でその人の代は仮に安定であっても、子々孫々にまで福は行き渡らなくなると文豪が活写しています。

「分福」とは、「身銭を切る訓練」でも述べましたが、自分が得た所得の幾分かを人さまのために寄付することも、これにあたるのではないでしょうか。

金吾はよく「西欧では自分の可処分所得の10分の1は教会や、困っている人に与える習慣がある」と話していました。教会の「十分の一税」のことを曲解していたのではとも思えるのですが、ロータリークラブの活動を見ていても、寄付する文化は欧米のほうが根付いているのが分かります。

「植福」とはなんでしょうか。幸田露伴は『努力論』でこう書いています。

「有福、惜福、分福いずれも皆好い事であるが、それらに優って卓越している好い事は植福という事である。植福とは何であるかというに、我が力や情や智を以て、人世に吉慶幸福となるべき物質や情緒や智識を寄与する事をいうのである。即ち人世の慶福を増進長育するところの行為を植福というのである」

前に井戸の水を飲むときは、井戸を掘った人を思えという話をしました。井戸を掘るのは仕事で掘ったかもしれませんが、それによって何百人、何千人という人が水を飲めたのだとすれば、これは立派な植福ではないでしょうか。先日、NHKのドラマで、家康の命で江戸の水道を建設した大久保忠行の活躍が描かれていました。家康が来るまでの江戸は湿地帯で衛生的な水も飲めない場所でした。数々の困難を乗り越えて、江戸の町に水道を引いた大久保はまさに植福の見事な例ではないでしょうか。

平山建設において、私たちの仕事は一棟一棟の建物を大事に大事に作ることです。ふるさと成田への想いを込めて作っていると、一棟一棟がつながって通りを変え、街を楽しくすることを、表参道のセットバック事業で私たちは実感しました。

セットバック事業とは成田の表参道の街づくり事業です。成田の表参道は昭和の終わり頃までは、歩道もなく、各店舗はまちまちのデザインで、電線が蜘蛛の巣のように張り巡らされているような状態でした。そんな中、一軒の鰻屋さんのご主人が提唱したセットバック事業により、参道の各店舗は、軒先を2メートルほど後退させ、成田市がこれを買い取ることになりました。各店舗はファサード（前面のデザイン）を整え、いまではすっかり街並みが整い、歩道空間もでき、電線も地中化されました。

多くの方々のご努力が街を変えたのです。住民だけでもできない、行政だけでもできない、もちろん私たちはお施主様がいないとなにもできません。しかし、こうした街に関わる人々の想いが重なると大きな力となり、街を変えます。これこそが植福ではないかと思います。

逆に言えば、ふるさととは、想いを共にする方々と福を惜しみ、福を分け合い、福を増やす場です。福とは、不思議なもので独り占めしようとしても逃げていってしまいます。分け合うことでだけ、増やすことができます。家族や、ふるさとの仲間とは、こうした「福」を共有できる共通基盤を持っているのです。

平山建設の「ふるさとづくり、街づくり、建物づくり」とは、まさに成田をふるさととする方々が私たちの顧客であり、同じふるさとの情景、情念を共にする方々に「平山建設が成田にあってよかった」と言っていただける仕事をすることなのです。これが地域で永続する老舗企業の生き方だと思うのです。

16日

「陰徳を積む」

「善行は人知れずしてはじめてその功がある。人に知られそのお返しをいただいてしまえば、すでに帳消しになる。貸越になってはじめて利息が付き、大きく返ってくる。これが陰徳である。徳を天の御蔵に積むのである。お返しは天から頂く」

門前街である成田には、名門といわれる家が多くあります。平山家の120年など、800年、400年、200年と続く成田の名家の中では、まだ「新参者」にすぎません。名家の中でも、現在も家業として繁栄を続け、千葉県を代表する経済団体や、成田の商工業者を代表する立場にある米屋・諸岡家は、各代の皆さまが「陰徳」を示しています。

中でも、創業の諸岡長蔵翁は街に大きく貢献されたことで有名です。長蔵翁の伝記、『己に薄く、他に厚く』にはこんな逸話が載っています。

まだ成田の参道が舗装されておらず、公共施設もなかった頃のことです。参拝のお客様は雨が降ると水たまりができる道に苦労していたそうです。そこで、長蔵翁は羊羹を煮るときに使った石炭のガラを使い、身銭を切って道路を平らに舗装したそうです。また、当時は公衆トイレもなかったので、私財の中から作って皆さんのお役に立てたそうです。

これらのことをすべて匿名で行われました。これを聞きつけたある新聞記者が長蔵翁を篤志家として紹介する記事を書いたそうです。普通、自分のことを新聞記事に書いてくれたらお礼くらい言いそうなものです。

しかし、この記者を呼びつけた長蔵翁は「なんということをしてくれたんだ。私は陰徳としてこれらの事業を行ってきた。こうした事業が人に知られるようになっては、陰徳にはならない。天の御蔵に徳を積む行為とならないではないか」と大変厳しく叱りつけたそうです。記者の方もさぞかしびっくりしたことでしょう。「人に知られそのお返しをいただいてしまえば、すでに帳消しになる」という道徳意識を強く示しています。

先に「自己反省」について書きました。自分を謙虚に「反省」すれば、必ず責任の矢印が自分に向かいます。そして、陰徳の方向に向かいます。反省とは自分自身を習うことです。自分自身を心の底から反省し、行動すれば陰徳に向かわざるを得ないと言ってよいかもしれません。陰徳にまで至らなければ、まだ自分の反省が足りていない印です。

廣池千九郎博士の言葉に「道徳は犠牲なり、相互的にあらず」という言葉があります。120年の歴史を継ぐ私たちからすれば、「平山建設というブランド構築は犠牲である。

相互的ではない」となります。

多くの方々のおかげで培ってきた平山建設という看板を守るためには、「ギブ・アンド・ギブ」「陰徳」の精神が絶対に必要です。見返りを求めていては守ることすらかないません。お客様の目は厳しいです。平山建設というブランド、看板を構築し、守るときに自分たちの損得、自分都合でいれば、たちまち見破られてしまいます。「犠牲的である」「陰徳をただただ積む」という覚悟で仕事に臨むことが不可欠です。

17日

「EQ（感性指数）を高める」

「感性指数の高い人が社会で成功する。勿論ＩＱ（知能指数）も高い程良いが、ＥＱの高い人の方が人間関係が潤沢で、社会では成功の確率が高い。自我没却、義務先行、感謝報恩、自己反省、慈悲寛大の実践がＥＱを高める」

「ＥＱ」は「心の知能指数」と呼ばれています。金吾は、聖書学園時代の友人である青木匡光先生から「ＥＱ」について教えていただいたようです。ダニエル・ゴールマンの『ＥＱこころの知能指数』に詳しいです。知能指数が「Intelligence Quotient」なのに対し、ＥＱは「Emotiomal (Intelligence) Quotient」の略です。ＥＱを以下の６つの特性としてゴールマンは説明しています。金吾のメモから引用します。

Empathy 共感性：人の痛みが分かる、他人の気持ちを感じ取る共感能力。
（Sympathyとは「同情」、Empathyは心理学では「感情移入」。同情ではなく、いかにその人の話を聴き、その人に触れ、その人の立場に立てるか）。

Self awareness 自己認知力：もう一人の自分が、もう一人の自分を見守ることのできる能力。

Persistence 忍耐力：困難に遭っても、志を高く持っていれば耐えられる。

Social deftness 人当たりの柔らかさ：感情をコントロールできる能力。言語、態度などにおいて集団の中で調和を保ち、協力し合える能力。

Optimism 楽観主義：一喜一憂しない。プラス発想。逆に言えば、悲観主義にならない能力。

Impulse control 衝動のコントロール：自分の感情を自制できる。パニックを起こさない。

ゴールマンがまとめた研究によると、弁護士、医師、建築士、会社役員など一定の地位の人々の中で比べると、以上のような心の知能指数、感性指数と言われるＥＱの高低のほうがＩＱの高低よりも、その人の年収や幸福度に貢献していることが統計学的に立証できたというのです。

もっとも、「一定の地位」というのがみそで、社会的な地位にたどり着くには若い日から勉強を続け、ＩＱに代表されるような知的な側面の伸長は絶対に必要です。しかし、そこから先は、人間関係を豊かにできる人のほうが成功の可能性が高いというのは、私たちの身の回りを見てもよく分かります。

モラロジーと金吾との出会いについては先に書きました。自我没却、義務先行などは廣池千九郎博士が書かれた『道徳科学の論文』の中の言葉です。若い日から自分を信じ、人頼りをしない姿勢で精進努力を続けてきた金吾は、人の怠惰や、ましてや少しのことでも不正を許せませんでした。モラロジーとの出会いで、まわりの人間が許せないことをしても、その人をとがめる心を反省して、その真の原因は自分にあるのだと腑に落ちるまで、自己反省するということを学びました。

自己反省ということは決して難しいことではありません。

平山建設の朝礼で、毎朝みんなで読んでいる雑誌「月刊朝礼」に「自分を中心から外す」という話が載っていました。自分を主語にして思考し、行動していると、自分だけが正しく、まわりが許せなくなります。果ては、人を責める、怨みに思うという、逆の意味での人頼りの姿勢になってしまいます。

前述の通り「人頼り」の生き方をしている限り、人生の苦しみはなくなりません。自分を中心から外して、「成田の発展繁栄」とか、「お客様のご家庭の幸せの実現」とか自分の課題のほうを主語にすると、自然に自分の苦しみはなくなります。「私は」と自分を主語にしていると、仕事の大変さ、家族との軋轢、病の悩みなど、苦しみの世界にどうしても向いてしまいます。神谷美恵子さんの『生きがいについて』という不朽の名著がありますが、この本にも自分を中心から外すことが詳しく書かれています。

自分を主語から外すと、最近流行の言葉で言えば「ワンチーム」になれます。会社、組織におけるEQとは、「一人は全員のために、全員は一人のために」というラグビーのチームのような戦う集団として、お互いを仲間として思いやる社風が基本です。

稲盛和夫先生から教えていただいたように、会社の目的は、社員の物心両面の幸福追求です。そして、会社の究極的な力とは、人を育てる力です。こうした力の背景となるのが会社のEQではないでしょうか。

金吾は、廣池千九郎博士の「慈悲寛大、自己反省」を銘にしていました。そして、自己に深く反省することを大事にしていました。話が脇にそれますが、よく父と議論したのは、

「慈悲寛大」が先か、「自己反省」が先かということです。

「慈悲寛大」とは心の状態です。「自己反省」とは行動です。いわば、行動が先か、心が先かという議論です。良いことはするのに順番は関係ないと一般には考えられるかもしれませんが、社員の物心両面の幸福追求を徹底しようとするときに、社員の心の状態から先に良くなってもらうことで良い行動をもたらすのか、具体的な行動指針を立ててその行動を先に習慣化して、次第次第に心も良くなっていってもらうのかで指導方針は違います。

行動指針を作って唱和してみたり、清掃活動をしてみたり、いろいろやってみましたが、やはり金吾の言う通り、心が良い方向を向いていないと、行動という形からだけではなかなか本質が変わってこないのだと最近痛感しています。

稲盛和夫先生の「人生・仕事の結果＝考え方×熱意×能力」の方程式の一番最初に「考え方」が来ているのは、やはり心が先なのだと、よわい五十歳を超えてようやく得心がいきました。

18日

「祈りは通じる」

「村上和雄先生は、『笑いの研究』で笑いが血糖値を下げ血圧を下げる事が分かったそうだが、『祈りの研究』もしている。私も毎朝仏前で、身の回りの人々及び、その時々の災害に遭われた方のために祈ります。祈りは通ずる」

一番純粋に人の幸せを願う行為とは祈りではないでしょうか。

純粋に祈る。ここが大切です。

純粋な祈りは心の静寂をもたらします。日頃の家族や仲間との喧騒、自分の私欲、自我は純粋に祈っているときには消えていきます。そうしたわずかでも静寂な時間が人には必要です。一日五分でも、三十分でも、純粋な祈りはとても大切です。自分の本分、一番純粋な自分が発見できるのではないでしょうか。

聖書学園でキリスト教を学んだ金吾らしいメモが残っています。

祈ればすべて通ずるわけではない。天地自然の法則に叶い、神の意思に沿う事が叶うのである。キリスト者の祈りでも「神のみ心が叶えられますように」と祈る。

「祈りは通じる」と書いていて、「通ずるわけではない」とは矛盾を感じますが、金吾は「天地自然の法則」にかなった純粋な祈りができるまで、ひたすらに祈り続ける真摯さを訴えているのです。

金吾が名前を出している、生命科学者の村上和雄先生が、東日本大震災の大きな悲劇の後に出された『奇跡を呼ぶ100万回の祈り』という本にこう書いてありました。

浅い願望に対しての祈りならば、普段は眠っている遺伝子にその思いは届かないはず。その状態では自分が予測できるような範囲でしか、おそらく変化は起こらないと思います。そうではなく、自分の奥深くにまで届くような「我を忘れるような深い祈り」は遺伝子のON／OFFの働きまで呼び起こすことができるはず。

この本には本当に奇跡的なことがたくさん書いてあり、現代の科学で説明できない部分について書かれています。私もすべてを肯定はできませんが、東日本大震災のような人生における真の困難に直面し、真摯に祈り、自分にとっては奇跡としか思えないことが起こったと感じることはあります。自我をひとつも入れない、動機が真である祈り、行動こそが奇跡としか言えないような力を与え、ご縁をもたらしてくれるのではないでしょうか。

金吉、いち、金吾と成田山への信仰が大変厚く、常に成田山にお参りに上がっていました。私も金吾のあとを継いで、毎月28日の成田山のご縁日には朝護摩修行に上がります。金吾が亡くなる3カ月前の平成26年9月28日のお参りから、私が修行に上がるようになりました。それから、毎月欠かさずに通っています。

早朝に、お護摩の炎を見ながら、お不動様に手を合わせると、自然と「社員の物心両面の幸福追求の経営ができているか。自分は、ひたむきに精進しているか。どうか会社が社員の物心両面の幸福追求の器となりますように。いま苦しんでいる方々に安らぎが与えられますように」と自然と祈りの気持ちがこみ上げてきます。金吾の言葉の通り、「祈りは通じる」と感じます。深く祈ることは、深く自分の心に刻まれます。

そういえば、まだ小学校に上がるか上がらないかの頃に、よく祖母いちにいろいろなところに連れて行ってもらいました。どこに行っても、お地蔵さんや、その土地の寺社仏閣に手を合わせることを教えてもらいました。

「それぞれの仏様、神様はその土地を守ってくれていて、そのおかげで私たちはご縁をいただいているのだから、前を通るたびに手を合わせるのよ」と。

おかげで、私は歩いていても、車に乗っていても、お寺や、神社の前、お地蔵様の祠の前を通るたびに一礼せずには通れない習慣がついてしまいました。祖母との懐かしい思い出です。

第二部

第四章

より良き人生を生きるために

19日

「良書と良友」

「幼少の時から読書の習慣をつける。一流会社の社長さん方は、週刊誌、月刊誌、業界紙の他に、平均でもハードカバーの本を週に一冊以上は読み続けている」

読書は大切です。特に建築は幅が広いです。技術的な側面から、ライフスタイルまで幅広い常識が必要です。

平山建設のブランド名「NaSPA」とは「Narita（成田）」と「SPAce（人の住む温かい住空間）」を組み合わせた造語です。ふるさと成田の歴史や、成田空港、ひいては街中に住むご家族の構成まで理解していなければ「ふるさとづくり、街づくり、建物づくり」の仕事はできません。

細かいところでは女性のお客様がどのような姿勢で化粧をするのか、どう照明を当てたら美しい化粧ができるのかまで、建築に関わる人間は学ばないと戸建住宅はおろか、集合住宅の仕事、ホテルの仕事もできません。よい意味で常識を広げないと、お客様の要望についていけません。そのための一番の近道は読書です。小説の一シーンに理想の化粧台のヒントがあるかもしれません。文豪といわれる方のエッセイに引き戸をどのような部屋に使うべきかの教えがあるかもしれません。

金吾はよく、精読する本と乱読してもよい本を選定することが大事だと語っていました。金吾は『大学』『論語』を精読する本として、「韋編三たび絶つ」で、本当に背表紙がすりきれテープで留め直してまで読んでいました。自分の人生における中核的な価値を形成する本は、言葉ひとつひとつを説明できるほど精読すべきです。一方、ネット社会でいろいろな課題に対して答えを用意しなければならない現代では、乱読も必要です。

乱読で有名な方に、元NHKのアナウンサー鈴木健二さんという方がいらっしゃいます。『気くばりのすすめ』という著書が有名です。鈴木さんの机はNHK局内の観光コースになるくらい、本がうずたかく積み上げられているので有名だったそうです。番組を作るときに、ひとつのテーマの本をたくさん読むのだそうです。同じことが書いてあるようですが、たくさん読んでいるとそのテーマの切り口が見えてくるからです。私たちも建築のプロですから、必要な本をたくさん読んで仕事への切り口を見いだしたいものです。

私も本は割と読むほうです。乱読です。しかし、乱読な私でも情報過多の現代では情報誌、業界内での通達、会社経営のために研究したい課題にまで目を通す時間がなくて困っています。しかしその分、「良友」である仲間がいろいろな情報を入れてくれます。これは本当にありがたいです。「情報」とは「情けの報せ」と読み下せます。良書も、良友も、「情け」、人のご縁が大切な情報源になってくれますね。

呆れられてしまうでしょうが、経営者仲間とは税金や助成制度の話だけで何時間でも話せます。しかも、お酒を飲みながらでも。税制・助成などの制度はなかなか通り一遍の解説を読んでも分かりにくいことが多いです。専門家の話もすべてを網羅しようとするのでポイントが伝わらない。でも、税制・助成制度の中には、国がどのような方向に中小企業を向けていきたいか、可能性の高い未来へのヒントがたくさん隠されているのです。

例えば、2000年に「センターホテル成田」を平山建設の資産として建築し、開業しました。決算を迎えたときに、建設会社としてはホテルの資産・負債の分が多すぎるし、ホテル会社としては利益が低すぎるということになってしまいました。当時、ある金融機関の勉強会の飲み会で、先輩経営者から会社法が改正され、親会社・子会社の合併、分割が税制上に大きなメリットがある形で進められるようになり、実際に、自身の会社を持ち株会社と2つの事業会社に分割したという話を聞きました。
ここから勉強し、樋口力敏君という優秀なコンサルタントに手伝ってもらい、それから数年後にはホテル資産を別会社にし、なおかつホテルの社員を雇用していた別会社と合併させました。数億円の資産・負債の移動なので通常であれば億に近い税金を払わなければ実現できない株式等の移動でした。たぶん、10分の1くらいのコストで済んでしまいました。まさに「良友」からの「情けの報せ」でした。

ただ、「情けの報せ」でも気をつけなければいけないのは、耳学問や、現場だけでの勉強では、偏ります。どうしても自分自身や、先輩社員の自己流になってしまう面がありま す。もちろん、自分の身体を動かしたからこそつく智恵はあります。「正中」という言葉がありますが、正しいやり方を、本や座学で学ぶ必要があります。

20日

「人に誇れる多少の技能」

「一流の人物は仕事の他に一流の趣味、道楽（音楽、絵画、陶芸、芸術、芸能）を持っている。仕事のみの人生よりか、その他の事にも力を注げる気持ちの余裕、切り替えのコツが人生を豊かにする」

父が存命の頃、家で寝ていると朝5時過ぎに2階から、尺八の音が聞こえてきました。尺八は金吾が18歳の頃から60年も続けていた趣味です。80に手が届くというのに、亡くなる数年前に私より若い年齢の師匠に弟子入りしました。隔世教育とはこういうことなのだと思うのは、金吾の死後、孫たちがこの師匠に尺八の教えを受けていることです。「技能、趣味、道楽」と謙遜していますが、ここまでくると一流ですね。一流になるには一流のたしなみが必要なのだと背中で教わりました。

金吾は、苦しいときでも「道楽」を持っていました。私が小学校に入るか入らないかの頃、よく父のヨットに乗せてもらいました。考えてみれば、社員が大量に辞めて一番苦しい時期だったはずです。折に触れ、尺八だけでなくピアノを弾いていました。父がピアノが好きなことを知っていた母は、自宅の火事の後の再建で、真っ先にピアノを地下室に入れました。夕食の後など、それほど上手ではなかったですが、ピアノの弾き語りなどをしていました。仕事に関係するしないにかかわらず、本は晩年までよく読んでいました。金吾は早稲田大学理工学部出身なので、「人生には理系のセンスと文系の教養が大事だ」とうそぶいていました。

そういえば、母校、早稲田大学も大好きでした。早稲田大学を応援するあまり、寄付金の返礼でもらった大隈講堂のレンガを大事に玄関にかざっていました。金吾と一緒に自宅で食事をしたときに、ビールの栓をWのマークが付いた栓抜きで抜くと「わせだ、わせだ、わせだ」と「早稲田大学校歌」を歌い出したこともありました。

第一部で触れた成田の7人の社長さんたちとの勉強会でも、経営に関する激論を交わしたり、かなり早い時期から日本版401Kを勉強したり、古典を輪読したりと真面目な勉強もする半面、家族で京都の料亭を訪ねるなど遊びもずいぶんやっていたようです。「趣味、道楽」ではないですが、人との交流を金吾は大事にしていました。良き人間関係こそが人生の幸福そのものだと話していました。特にロータリークラブの活動にはとても力を入れていました。

国際ロータリー2790地区ガバナーを平成9（1997）年7月から平成10（1998）年6月まで務めたときには、相当に力を入れていました。私をガバナー就任が決まった平成7（1995）年のタイミングで平山建設に入社させたのは、自分がガバナーを務めるためだったのではないかといまも疑っています。「奉仕の理想」を掲げ、様々な方々との交流が広がるロータリークラブ活動は父の生きがいであったのだと思います。最後に入院する3日前まで成田ロータリークラブの例会に参加していました。

真剣に仕事をすればするほど、どこかで気持ちの余裕、ゆとりがなければならなかったのだろうと思います。

仕事ばかりで余裕のない人生をおくっている私には、父のこの余裕のある生き方はなかなかまねできません。強いて言えば、街巡り、ホテル巡りは実益を兼ねた「趣味」と言えるかもしれません。私はいま平山建設だけでなく、センターホテル成田1、センターホテル成田2 R51、ミートイン成田と三館のホテル運営をしている株式会社ナスパの社長もしております。かれこれ20年間、ビジネスホテルとはいえ、宿泊業に携わってきたので、方々に出かけて様々な宿泊施設に泊まるのが好きです。毎回毎回発見があります。また、平山建設で「街づくり」を掲げているので、出張や研修旅行で訪れた先々の街を歩き、その成り立ちを調べています。最近では、無価値で荒れ放題だった土地がワイナリーとして栄えているところが日本でたくさんできています。その代表格である小布施や、新潟、山梨などを巡っています。趣味と仕事を兼ねてあちこちを巡るのは大変楽しいです。旅は常に新しい発見、気づきをもたらしてくれます。

21日

「悪を知った上での善行」

「悪を知らない善行より、悪を知っての善行に価値がある。悪を自分がする必要はないが、世の中にはこんな悪人、悪事がある、こういう手口があるぐらいは知っておく事が肝要」

いろいろな方々とのご縁があり、また様々な体験を経てきた金吾の言葉であるだけに重みがあります。悪を知っていても、悪を行わない。でも、悪には負けないだけの智恵と力を持つことが肝要だということではないでしょうか。「世の中には表の道と裏の道がある。裏道といえども道は道。それなりのルールで成り立っている」とも。

また、いわゆるナイーブな無知も金吾は評価していませんでした。あるとき、笑いながら「いい人がなにもしないより、悪い人でもいいことをしてもらったほうがみんなのためになるだろう？　だから、悩むより行動したほうがいい」と語っていました。大人の智恵ですね。

人の悪意はハラスメントと直結しています。ハラスメントとは、自分の意思を相手に押し付ける行為です。セクハラ、パワハラなど、様々な分野で問題になっています。当然、企業経営者として直面せざるを得ない問題です。いくつかの書籍等で勉強しました。そうした中で、経済学者の安冨歩先生の『生きるための経済学』を読んでいて、人と人とのコミュニケーションを悪用するハラスメントの話が印象的でした。

一見、その場ではその人の話を聞き、情報交換、意思の確認をしているようでも、実は相手の理解してほしいという期待を裏切り、自分の利害のほうに少しずつゆがめた方向に向ける会話を続けるコミュニケーションを取る人もいるということでした。表面の理解と裏腹に自分の利害に固執する。相手の理解をねじ曲げてでも、自分の意思に従わせる。これはもう、ハラスメントとしても「悪の本質」であると安冨先生は書かれています。

人と人とのコミュニケーションは、常に相手に向かって自分を開いていく、自分自身がそのやりとりで変化することも厭わない姿勢こそが、誠意ある行動です。

人と人との関係の理想はお互いに良くなる、ウィン・ウィンの関係です。本当の悪とは、テロのように、自分の恨みつらみをはらすためなら自分自身が破滅してでも相手をおとしめたいという、どうしようもない思い込みから始まるのではないでしょうか。案外自分の身の回りにも小さな「テロ」を起こしてしまうことがあります。こういう破壊的な心理作用もあることを知った上で行動することが大事です。

22日

「情理円満な人格を養成する」

「『智に働けば角が立つ。情に棹させば流される。意地を通せば窮屈だ。とかくに人の世は住みにくい。』と夏目漱石の『草枕』にある。情理円満でなくてはこの世に生きる価値が無い、人間関係で平安が保てない。慈悲心、心からの思い遣りで人はついてくる」

情理円満な人格とはなんでしょうか。金吾の言葉に出てくる夏目漱石の『草枕』の最初のこの一文で「情理円満な人格」を言い当てています。

とても有名な一行ですが、この後の文章も踏まえて文豪の言葉をあえて私なりに言い換えれば「本来人間とは知情意の統合、真摯さをもって人生を生きるべきであるが、なかなか実際の人の生において実現は難しい。知情意の統合、真摯さとは、芸術という理想においてこそはじめて描かれる」となります。

『草枕』を読み進むと、詩や書画、果てはすずりの斑まで、美しさとはなにか、芸術とはなにかを論じています。芸術的感性とは、まさに智も、情も、意思（意地）も統合された境地にあるのだと夏目漱石は語っているように思えます。

「経営は生きた総合芸術だ」とは松下幸之助さんの言葉だそうですが、リーダーシップとは、まさに総合芸術ではないでしょうか。理屈だけではありません。そうかといって情だけでも成り立ちません。まさに情理円満でなければ、リーダーたり得ません。金吾は、前述のように数々の体験を通して自分の正義だけでは足りず、情理円満でなければリーダー、会社の社長は務まらないことを体得していました。

少し前に『もし高校野球の女子マネージャーがドラッカーの「マネジメント」を読んだら』という本が流行しました。ドラッカーの「企業の目的と使命を定義するとき、出発点は一つしかない。顧客である」という言葉を、高校野球に当てはめたところが素晴らしいです。私は現在、日本一を何度も取ったことがある中学校硬式野球のクラブチームの後援会長をしています。子供たちは「自分たちが大好きな野球ができるのは、保護者や監督、サポートしている人々のおかげだ」と語ってくれます。「顧客」が誰か分かれば、方策はおのずと明確になります。ドラッカーはこう書いています。

人を管理する能力、議長役や面接の能力は学ぶことができる。管理体制、昇進制度、報奨制度を通じて人材開発に有効な方策を講ずることもできる。だがそれだけでは十

分ではない。根本的な資質が必要である。真摯さである（『マネジメント[エッセンシャル版]』）。

父と私が、心と行動のどちらが先かという議論をしたと書きました。ドラッカーはまさに父が正しかったのだと言っていることになります。とにもかくにも行動することで後天的に「人を管理する能力」を身に付けることができます。しかし、「根本的な資質」はなかなか学べません。それが真摯さ、心なのです。

ちなみに、原文では「真摯さ」とは「インテグリティ（integrity）」とあります。「インテグラル（integral）」とは「積分」のことを言います。英語の「インテグリティ」には「統合されたもの」というラテン語の語源があります。

では、なにが統合されているのか。これもドラッカーは明確に「知情意」だと答えています。思考と、感情と、意思（行動）が信念のレベル、魂のレベルまでひとつになったときに全人格をあげた経営、マネジメントができるのだ、と。情理円満とは真摯さを持った人格のことなのだと私は信じています。

経営を仕事と言い換えても一緒です。誰でも分かることですが、頭も、心も、身体も一体になって仕事に没頭しているときに一番いい仕事ができます。一番自分が成長できます。ひとりひとりだけでなく、組織も一緒です。社員がみんなで知情意を一致させて目標に向かうときが一番強く、成績も上がる。社員みんなが物心両面で一番幸せになれるときでしょう。

ドラッカーが言う通り、ここを「統合」して乗り越えないと良い仕事、良い経営はできません。漱石が嘆いた通り、なかなかこの世では知情意のバランスは取りにくいものです。漱石のように日本的に捉えれば知と情と意思との間をいかに「寛容」の精神で受け入れるかが大切です。情を訴える人には情と知で答え、知を主張する人には知と情で受け入れ、意思を主張する人には目的意識と情とでモチベーションアップする。やはり情はその意味で大事ですね。

父は晩年「イントレランス」（不寛容）、ひいては「ゼロトレランス」（寛容さゼロ）という態度には疑問を抱いていました。人間であれば失敗もする、欲もかく。そうした人間らしさを否定した不寛容さでは社会、団体が成り立たないであろう、と。

平山建設においては知情意のいずれにおいても、寛容さを大切に仲間との絆を深めていきたいです。

23日

「我が人生に悔いなし」

「晩年になって『我が人生に悔いなし』と言える人生を青年期に考えていたか。人生半ばに自分の人生設計を立て、年代別、分野別に計画し、十年毎に達成度をチェック。例えば、健康、知性、趣味、財産、家族等の分野毎に出来るだけ具体的に計画する」

金吾は、四十を過ぎた頃から十年日記帳をつけ始めました。これもまた亡くなるまで続きました。４冊弱となります。また、有言実行の人ですので、後継のことを含めて常に10年先にどうするか、どうなるかを考えていました。

私は日記こそつけていませんが、人生の先行きについて金吾を見習いビジョンを立ててきました。結婚、子供、平山建設入社、社長就任までを、22歳で都内の不動産開発会社に入ったときに立てました。時期はだいぶずれはしましたが、不思議なことにほぼ計画通りになりました。24歳で結婚すると計画しました。これは、そのまま実現できました。結婚が早かった分、結婚の結論が出るのも、人より早かったというおまけはついてしまいましたが……。35歳で平山建設の社長になると書きましたが、これは少し遅れて39歳での社長就任でした。20代のほんのメモほどの人生計画でしたが、人生の計画を立てることの大切さを知りました。

しばらく、人生計画は立てずにいましたが、7年ほど前、47歳のときに金吾の言葉の通り、仕事、財産、家族等の分野ごとに未来年表形式で人生計画を立て直しました。暦年、自分の年齢、親の年齢、子供の年齢を横軸に置きました。自分の人生に与えられた使命をひとつひとつ書いて、計画に落としていくと、達成まで30年、77歳までかかることが分かりました。健康も相当に気をつけないといけないと感じました。

おかげさまで金吉、清・いち、金吾をはじめ、多くの人生の先輩が、20代、30代、40代、50代、60代以上と生き方を示してくれています。先祖や先輩たちの生きざまを見るにつけ、計画を立てて人生の先々の準備をしておくことが必要だとひしひしと感じます。30年計画ではありますが、私の人生の使命を全うするためには、課題が山積みです。例えば、あと数年で平山建設のトップマネジメントを、社員のうちの一人またはマネジメントチームに継承することになっています。なかなか、忙しいです。

平山家に伝わる金吉の嘆きの言葉として、「娑婆はくでえ（くどい）」という言葉があります。裸一貫から製材工場主にまで立身出世を果たした金吉でさえ、思い通りにいかないことが多かったのだとみんなでよく話をします。
金吾も、大きな構想を抱いて建設会社を設立したはずです。思い通りにいかないときも、成功したときも、自分の試練の場だと「寝る前の反省」のところで紹介しました。金吾も、構想通りにいかなかった自分の経験から、苦労したときの反省の方法を学んだのではないでしょうか。山本五十六元帥のこの言葉を染めた手ぬぐいを社長室に飾ってあります。

苦しいこともあるだろう。
云い度いこともあるだろう。
不満なこともあるだろう。
腹の立つこともあるだろう。
泣き度いこともあるだろう。
これらをじつとこらえてゆくのが男の修行である。

この言葉を私の所に相談に来た社員に声に出して時々伝えます。私自身も涙が出そうなほど込み上げてくるものがあります。

「我が人生に悔いなし」とは、「今日は今日にて足れり」の精神で、自分の人生において
いいことにあっても、悪いことにあっても、いい人に恵まれても、悪い人に裏切られても、
精進し続け、学び続け、精一杯やったという意味なのではないでしょうか。

平板測量機を使う金吾。結婚するまでベレー帽が好きだった

金吉の代の頃の最新設備だったハンドソー（帯ノコ）と送材トロッコ

第二部

第五章

商売のコツ

24日

「信頼こそ最高の財産」

「信用第一などとあるが、これはせいぜい信じて用いられる程度。信じて頼られてこそ商売になる。誠とは言った事は必ず果たす事。約束は絶対に破らない。たとえば時間の事、小さな約束でも。たやすく約束をしない」

昭和60（1985）年頃、平山建設において「25周年記念委員会」が設置されました。昭和37年の設立以来、大切にしてきたことを社員の委員会としてまとめるという課題を与えられました。「7人の侍」と呼ばれた委員会メンバーは、1年間の徹底的な議論を経て「私達のモットー」を定めました。

心　心を込めて社会に奉仕することが私達の使命です
美　美を見つめ美を追求することが私達の理念です
信　信頼こそ最高の財産であると私達は考えます
禮　禮を守り禮を尽くすのが私達の信条です
創　私達は創意工夫を積み重ねよりよい明日を築きます

頭の文字を取って「心美信禮創」とも言います。いまも毎朝朝礼において全員で唱和しています。会社や現場の所定の場所に貼り出す、手帳に印刷する、ひとりひとりのネームプレートの裏に入れるなど、「私達のモットー」を徹底的に意識できるようにしています。

「信頼こそ最高の財産」は、この中の一条です。

創業者の金吉は、金吾が学生の頃に、「金吾、お前は天下の大道を行け。俺は世間に対して何ひとつやましいことはない」と断言したそうです。おかげさまで成田の地で商売をしていて、多くの方から信頼をいただいていることを実感します。私たち平山建設の最大の財産だと思います。しかし、「不正な金が一文でも入れば、財産のすべてが腐る」で、私たちがちょっとでも油断をすれば、あっという間にこの信頼という財産は失われてしまいます。私の次の世代、社員たちに「天下の大道を行け」と胸を張って受け継げるように緊張感をもって精進し続けます。

令和元(2019)年は、2つも大きな台風が襲来し、千葉県に大きな被害をもたらしました。ふるさと成田でも大きな被害がありました。私たちは災害のときには、過去に私たちがお手伝いをしたかどうかにかかわらず、お問い合わせいただいた被害には、できる限り対応することが社風になっています。もちろんＢＣＰ（事業継続計画）が制定されているからこそできるわけですが、私がなんら指示を出さずとも、社員たちが黙々と被災された方々のところに伺って対応してくれている姿は実に頼もしいです。

令和元（２０１９）年の台風被害のお問い合わせの件数は、東日本大震災の倍近くになりました。このような災害のときこそ、平山建設の社員が機動的に地域のために行う活動は、地域への日頃の恩返しの機会です。災害時の誠実な対応こそ、「最高の財産」である信頼を作ることができるのではないでしょうか。

廣池千九郎博士の格言に「動機と目的と方法と誠を悉す」とあります。目的のためには手段を選ばないのは、最高道徳的ではないということです。自分の誠心誠意を相手に尽くすことが大切です。いいことをしているときほど、傲慢になりがちです。いいことをしているつもりで逆に相手の信頼を損ないかねません。細心の注意をはらって信頼を守らなければなりません。

私たちがお願いしてるコンサルタントの方が、経営会議で大変、重要な指摘をしてくださいました。

信頼は、安心の数が増えれば強くなるし、逆に不安、不満の数が増えれば、弱くなる。

つまり「信頼＝安心の数－不安・不満の数」。お客様や仲間に対し、安心の数を増やし、不安・不満の数を減らせているかと自問し、行動を改善しなければなりません。

信頼こそ最高の財産です。信頼があるからこそすべての商売が成り立ちます。

25日

「商売は人が教えてくれる」

「お客様がほしがるものを察知して商品構成をし、自分が売りたいもので選別しない。売りたい儲けたいとの気持ちからお客様本位を忘れがち。或るスーパーでは売り場を『買い場』と言っている」

私の祖母、いちは、明治・大正・昭和・平成の四代の御代（みよ）を生き抜いた女性です。商売のやり方のヒントになる話を祖母からたくさん聞きました。

例えば、いち本人から聞いたのはこんなことです。

「お客さんとして大工さんがよく材木を買いに来てくれた。お茶を出して、話を聞いていると『材木と建具をいっしょに扱ってもらえると便利だ』とか、『基礎のコンクリートを現場で練るのに砂、砂利、セメントを扱ってほしい』と言われた。言われたことはすべて叶えた。それでどんどん商売が広がっていった」

私は小さい頃、いちが増やした店の商品である砂置き場で遊んだ記憶があります。

また、前述のように土地の売買にも長けていました。平成元（1989）年のバブル景気のときに祖母に「一部上場の不動産開発会社に就職しました」と報告に行ったところ、通り一遍に「おめでとう」と言ってもらいましたが、その後、「私はね、もう土地は上がらないと思うの。土地を買うのは控えたほうがいいわ」と言いました。

当時いちは80歳でした。引退してもう20年以上が過ぎていました。4月に就職した後、平成元年の年末には日経平均は3万8915円と、いまだに超えられない最高値をつけました。日本の土地の値段でアメリカの土地すべてを買ってもお釣りがくるといわれていた時代です。言うまでもなくこの後、いちの予言通りバブル経済が崩壊し、株価も地価も大幅に下落しました。

さらに、いちは「平山家は社会の大変動があったからこそ生き残ってこれた」と言っていたそうです。裸一貫で、田舎から出てきて商売を興した金吉の姿を見ていたからこその述懐です。

正直、成田の商家で100年続いていることは、どちらかというと新入りのたぐいです。先日、金吉が出てきた頃の成田の古地図を見る機会がありました。そうすると、古い商家には「十七軒党〇〇」と入っているのです。これは、成田山の門前にまだ数軒しか商店がなかった頃から続いていることを意味すると金吾から聞いたことがあります。それだけ成田の名家がある中で、曲がりなりにも現代まで4代続くことができたのは、社会の変動に則った商売をそれぞれの代でやってきたからだと教えられています。

古い名家の方々のお話を聞いていると、とにかくまめに得意先を回ることが大切だと教えていただきます。ある古いお家の奥様から「配達に行っても、近くにお得意様があれば訪問する。これが大事だ」と。また、別な方からは「クレームもお客様からの大事なメッセージなので、きちんと話を聞け！」と言われました。

お客様の立場に立って考えることは大切です。例えば、建設関係者であれば、レストランに入ってざっと見渡しただけで、賃料の水準が推測可能でなければなりません。入って席数を数え、周りのお客が食べているものを見て、メニューを見れば、あとはかけ算で売り上げが推測できます。月の売り上げのほぼ10分の1が賃料というのが通常の相場です。私はこれを子供の頃に父母と食事に行ったときに教わりました。

私たちは、私たちの建築の立場でだけものを見がちです。時には立っている場所をお客様と同じところにしてみる、引渡前の建物の中でお客様と同じ動線で動いてみることなどが重要です。

先日、ある社員が「お客様に買っていただくのは、建物ではなく私たち自身だ。いかにお客様から信頼される自分を作るかが最も大切だ」と話していました。まさにお客様目線で、なにを買っていただいているのかを自問自答することがとても大切です。

26日

「難しくて儲からない職業を選べ」

「新規参入が無いだけでなく、創意工夫の余地が多く、遣り甲斐がある。改善により利幅も多く出せる。楽に儲かる商売は、新規参入が多く忽ち供給過剰になる」

まさに心に刻みたい言葉です。ここにこそ私たちの使命が、やりがいがあります。

企業の盛衰は激しい。20年前に栄えていた企業で、いまも隆々としている企業がいくつあるでしょうか。その面では、技術も必要、資金も必要、人格も必要で大変な分、建築会社は新規参入が少ないので永続しやすいといえます。成田の歴史の中にも、流行の商売が長続きしなかった話も伝わっています。本業重視で変えてはならないもの、変えなくてはならないものを明確にしていくことが大切です。

私が社長になる前、平山建設は成田市外の仕事が7割でした。そんなとき、いまは役員をやってくれている、ある社員が自主的に成田の祇園祭の祭典委員になってくれました。ここから、坐禅の師や、お世話になっている方からの指導もあり、「脚下照顧（きゃっかしょうこ）」の精神で、社員みんなの方向転換の努力で成田市内の仕事が7割になりました。

いまも平山建設の仕事は、「ふるさとづくり、街づくり、建物づくり」と言い続けています。成田は進歩発展の波がいまもある街です。なにより住民、行政、一般企業が成田の発展繁栄という同じ方向を向いています。それでも、ここを深掘りした建設会社はなかなかありません。あってよかったと言われる平山建設を目指して、「難しくて儲からない」仕事を黙々と続けることが大切だと私は思っています。

建築の仕事は、大変なことばかりです。いつぞや金吾も話していましたが、「建設の仕事の99%は苦労ばかりだが、1%の喜びがやりがいになる」仕事です。1%のやりがいを大きく喜べなければできない仕事ですし、またこの1%は自分の喜びばかりでなく、施主様のご家族の幸せ、企業の発展繁栄、街づくりのお手伝いなど、大きな大きな喜びにつながります。

「難しくて儲からない職業を選べ」はAI（人工知能）の時代になっても変わらない仕事の原理原則です。多くの仕事がAIやロボットに代わる時代ですが、建設の現場は相当長期間にわたって労働集約型であり続けるでしょう。まして、現場の人間は現場でしか育てられません。ロボットで現場監督の教育のサポートはできても、人は育てられません。幸いなことに、空港も労働集約型の職場です。安心して、未来を信じて成田にあってよかったと言われる平山建設を未来にわたって築いていきたいです。

金吉が成田に出てきて以来、私たちは新しいことに常にチャレンジしてきました。金吉は蒸気機関や電気モーターなど、製材工場を営むにあたっても、その当時の最新技術を使っていました。金吾も、昭和53（1978）年にはオフィスコンピューターで事務の合理化を進めました。平成11（1999）年には「ISO9000」という品質管理の国際基準を千葉県内の建設専業の会社としては2番目に導入しました。

現在も、グーグル社のクラウドサービスを使って働き方改革にチャレンジしています。以前は紙資料で800枚もプリントしていた会議も、電子ホワイトボードとタブレットを使ってペーパーレスになりました。クラウドにより情報共有が進み、すべての履歴が残るので、稟議、勤務管理もペーパーレスになりました。注文書・請書も電子契約です。

現場においても、協力業者さんの職長さんを巻き込んだ進捗管理などにも取り組んでいます。建設は「難しくて儲からない仕事」の典型ですが、それだけに「創意工夫の余地が多く、遣り甲斐がある」仕事だともいえると実感します。

27日

「人づくりこそ経営の基本」

「人づくりは我づくり。経営者は社員を教育する前に、自分の人格をどう高めていくのかの修行が先決。後ろ姿で教える教育が最高。又経営者は人生哲学、経営哲学を持つ。それはどんなものでも良いが、揺るがない、ぶれない事が大切」

後ろ姿で教える。社長方針を言葉にすることが、まず第一歩だと思っています。しかし、言葉だけでは伝わらないのは明々白々です。禅ではありませんが、行動でなければ伝わらない。行動で伝わってこそ、社風がほんとうに変わっていくのだと思います。生半可な言葉に言い換えるより、この言葉はじっくりと自分の腹に据えたいところです。

先ほどの「惜福」とも関係しますが、金吾は「多くの会社が成長の余地があるから、出店の余地があるからと会社を大きくする。人の成長がそれについていけずに、会社が立ち行かなくなるのを見てきた。会社は人が育った分だけしか成長させてはならない」とよく話していました。

人の成長以上には、会社は成長できません。人を育てる力こそが会社の力です。元は廣池千九郎博士が「組織の拡大というものは、人の成長、教育、育成に合わせて行うものだ」という意味の言葉を残していることから、そう断言していたのだと思います。

建設業は長く続く不景気で、成長できない時期が長かった。これも金吾の方針で、当社の技術者は基本的には新卒から育てています。中小企業にはなかなか若い人が来てくれませんが、苦しい時期でも、この方針は変えませんでした。結果、よく建設業界の方から「平山建設には若い現場監督が多いね」と言われます。ありがたいことです。

良い街には不思議と人物が育ちます。以前から新潟県の長岡が好きで、何度も訪れています。長岡は言わずと知れた山本五十六提督、東洋大学の創始者の井上円了先生、米百俵の小林虎三郎さん、私が私淑する地域の独立繁栄を唱えた河井継之助さん、などなど多くの偉人を輩出しています。

それぞれの生家に建てられた山本五十六記念館と河井継之助記念館は100メートルも離れていません。一方、長岡市内には県庁があるわけでなく、特異な産業があるわけでもありません。人の育つ地域とはなんなのでしょうか。

鹿児島市内の「維新ふるさと館」を見学したことがあります。びっくりしたのは「ふるさと館」のある加治屋町のほんの数百メートル四方から、西郷隆盛、大久保利通、大山巌、西郷従道、村田新八、東郷平八郎など、明治を支えた偉人を何人も輩出していること。ふるさと館も実に誇りに満ちていて、その名の通り薩摩人が近代日本を作ったのだという気概に満ちた展示がたくさんありました。

例えば、日の丸を正式に国の印にしたのは鹿児島・薩摩の島津斉彬だったそうです。あるいは、君が代の歌詞を古い琵琶曲から引いてきたのは大山巌だった、と。そして薩摩人にとって西郷さんは絶対です。

西郷さんを見いだしたのは島津斉彬。斉彬の人格を陶冶したのは、島津家中興の祖といわれる、いまも日新公と親しまれている島津忠良の「いろは歌」だと言われています。

私も「いろは歌」をいくつか読ませていただきましたが、実に行動を重んじた薩摩の家風の基本となる信条が含まれていました。永く続く家には家風があり、家風を作る言葉が残されています。身内びいきに響くかもしれませんが、私はぜひ金吾の「言葉」を社員の物心両面の幸福追求と、平山建設がますます「あってよかった」と言われるために、薩摩の日新公の言葉と同じようにその想いを学び、心と行動を高めていきたいです。

28日

「後継者づくりが長寿企業の基本」

「社長の最大最高の仕事は、次代を担える後継者を育てておく事だ。長期的視野で後継者を育て、はじめて安定した成長を継続する事が出来る。企業経営の基本に事業の永続を掲げる。レールの斜め継ぎのように前後五年程度は伴走する」

創業者の金吉には、長男、長女、次男と3人の子供がいました。大正、昭和の時代の風潮からいえば、長男に事業を継がせるのは当たり前でしたが、あえて長女に婿を迎えて跡継ぎとしました。ここに至るには相当な逡巡があったことは想像に難くありません。親族から、社員から、いろいろと可能性を見いだそうとしていたようです。

あるとき、目をかけていて、場合によっては跡取りにと思っていた甥っ子に「畑に芋を掘りにいくぞ」と声をかけると、「俺は芋掘りなんかしたことはないからいやだ」と拒んだそうです。新しいことに挑戦する気概のない者はだめだと、この甥っ子に跡を取らせるのはやめることを決意したといいます。

祖父の清は、幼い頃から相当に苦労した人でした。金吉は、清の製材工場での働きぶりに惚れ込んで、長女いちの婿としました。いちは女学校を出たばかりの17歳、清は8つ上の25歳でした。清の誠実な人柄は多くの人に認められ、「清さんだから」と材木を買ってもらったり、土地を売ってもらったりしたそうです。

金吉は相当に厳しく、清は体調が悪くて熱があっても工場に出ざるを得ないこともありました。工場の職人たちから人気があったので、「清さん、この戸板の上で寝てなよ。大旦那が来たら教えてあげるから」と言われたとか。いちは、一緒に商売を始めてからあまりに金吉が厳しいので、「私は本当にあなたの娘ですか」と聞いたことがあると生前言っていました。一代で商売を築き上げるには、相当な厳しさが必要だったのだと思います。

清といちの間には、11人の子供が生まれました。前述のように金吾は5番目の長男です。一番上の姉とは10歳近く離れていました。金吾が中学の頃、一番上の姉、和子の適齢期に、「誰が平山家の跡を継ぐのか」という家族会議が開かれたそうです。その場で金吾は「僕がやる」と宣言をしたそうです。とはいえ、その後、紆余曲折はありましたが、最終的には早稲田の建築に進みました。

大学卒業後、4年ほど中堅ゼネコンに勤務した後、金吾は成田に戻ってきました。そして昭和37(1962)年、平山建設は、平山材木店の軒先から始まりました。「俺は親には背広は作ってもらったが、一切借金などしたことはない」と生前語っていました。親子でも、お金は他人というのが口癖でした。平山建設の株式にほんの少しだけ平山材木店の持ち分が残っていましたが、確かに親の力ではなく自分の力で商売を切り開いたのです。

「レールの斜め継ぎのように前後五年程度は伴走する」という言葉は古希、70歳のときの言葉でした。ちょうど私が社長になった頃です。この言葉の通り、ここから5年間は二人代表取締役体制、その後2年は取締役で私を鍛えてくれました。取締役を降りて監査役になったときに、退職金を払いました。払い終えたときは、私もひとつの区切りがつけたと大変うれしかったです。このときの会話が印象的でした。

金吾「俺は常勤監査役だな？」

私「はい、その通りです」

金吾「常勤だから毎日会社に来ていいんだな？」

私「はい、その通りです」

金吾「それでは、毎日お前を監査してやる」

金吾は生涯ユーモアのあった人でした。

最近、平山建設は鉄筋コンクリート免震構造建物に力を入れています。本社が入っている京成成田駅東口センターゲートビル（14階建、246世帯、200坪のオフィス）、センターホテル成田2 R51（11階建、210室）、そして、（仮称）花崎町ＤＯビル（18階建、320世帯）の3棟の実績があります。その他にも国際医療福祉大学付属病院の看護師寮（6階建、210世帯）など、私たちにとっては大型の仕事が増えています。

成田の勢いのおかげで、地方の建設会社である私たちでもこのような仕事をさせていただけるのだと感謝しています。こうした仕事をなんなく達成している社員を見ていると身内びいきですが、次世代、そのまた次の世代がどんどん育っていくのを感じます。最大の後継者づくり、社員の成長は、良い仕事を続けることではないでしょうか。「ふるさとづくり、街づくり、建物づくり」は、そのまま人づくりでもあります。社員の成長なくして、会社の成長はありません。全社員の物心両面の幸福追求はありません。

次代を育てることが、会社繁栄のもとであることは言うまでもありません。育てることはとても難しいことです。気持ちと行動が合っていなければ、リーダーシップ、力は育成できません。小さなことでも自分を育てるため、次代を育てるために日常の行動を自分で決めて、あるいは強制してでもやらせてみて、ちゃんと評価してあげることが大事ではないでしょうか。

やってみせ、
言って聞かせて、
させてみて、
ほめてやらねば、
人は動かじ

山本五十六の言葉が身にしみます。「我が人生に悔いなし」の節で紹介した「男の修行」とともに、社長室の私の机の前に貼って毎日見ています。

29日

「経営は、営業、財務、人事」

「トップはこの三つの全てに通ずる事が肝要。よく後継者に社長を譲った後も、金融だけは俺が面倒をみているという会長もいるが、これでは後継者は育たない。一部門、子会社の経営を立ち上げから経験させるのも手だ」

この教えは、私の場合、センターホテル成田の立ち上げでした。

当時、建設の営業を担当していました。バブル崩壊後でなかなか受注が厳しく、建築の引き合いさえあれば、東奔西走の毎日でした。このため、成田の外での受注がほとんどでした。引き合いの糸口から受注し、建設し、クレームを処理しと、点と線ばかりでした。

金吾の強い主張でＩＳＯを平成９（１９９７）年に導入はしましたが、ひとつ終わっては次の仕事と、考える間もなく明け暮れていた私には、ＩＳＯの要求するＰＤＣＡ（計画・実行・確認・改善）の仕事の仕方が建築に合うのか疑っていました。

平成11（１９９９）年、休眠状態だった関連会社を改組してホテル運営会社としました。現在のホテル運営会社、株式会社ナスパの前身です。この年は本当に忙しく、営業担当として賃貸マンションの受注に目いっぱい向かいながら、ホテルを立ち上げました。特に大変だったのは、お金を借りることです。当時の千葉銀行の支店長と担当の方には大変お世話になりました。正直、別の銀行からは「建設会社が、なぜホテルなど始めるのか」と門前払いを受けた案件です。周辺のホテルの調査から、ホテルの収支、運営計画に至るまで全部銀行の担当者と共有しました。書類の厚さでだけで30センチくらいになりました。

経験のない接客業を新規事業としてゼロから始めた体験は非常に大きなものとなりました。ホテルの人員の採用・育成は、幸い妹が支配人を引き受けてくれて大変助かりました。採用活動は平山建設でも多少はやっていましたが、まさしくゼロからの採用であり、大変苦戦しました。ホテルを運営し始めて毎日のオペレーションにおいて失敗したこと、クレームを受けたこと、工夫したこと、すべて毎月の全員のミーティングで討議し、決めて即日改善することを繰り返しました。

初めて、「ああ、これがPDCAを回す働き方」なのだと分かりました。また、ホテルは成田の外の方を成田に呼び込む社会的意義のある仕事であることも分かりました。

稲盛和夫先生が現在のKDDIの前身となるDDIの立ち上げにあたって「動機善なりや、私心なかりしか」と何度も自分に問うたと語っています。まさに、自分を忘れて難問に立ち向かうとき、壁のように立ちはだかるほどの難問に見えても、全力で向かえば、自分の力を超えた成果が自然と向こうからやってきてくれます。

本業と外れたホテル分野の仕事で、ゼロから事業を立ち上げた経験は大きかったです。先述のように、この体験が建築の仕事を成田を軸足にやり直す決断に向かわせました。


横道に逸れますが、平成11年が大変だったのは、実は、この年の正月は自宅の火事で明けたからです。当時、父母と私の家族は別に暮らしていました。1月4日の仕事始めの日の早朝、幸町の実家が火事との連絡が入りました。私が駆けつけると、ちょうど自分の部屋が焼け落ちていく瞬間でした。少年の日に読みふけっていた本や、大事にしていた画集が燃えている様を見るのはショックでした。父母の姿を探すと、向かいの叔父の店にいました。なんと金吾は、平然と現場検証用の間取り図を描いていました。これにはびっくりしました。

防火に誰よりも努めなければならない建設会社が火を出したのでは、面目まるつぶれです。直ちに金吾と力を合わせて、数日のうちに火事に遭った木造の自宅を解体し、新しい自宅の建設の計画を立て始めました。新しい住宅は当時、力を入れていた内外断熱の鉄筋コンクリート造の2世帯住宅としました。各階で独立性を高めながら、エレベーターでつなど計画でした。

仕事面では、建築の営業をしながら、ホテルの立ち上げをする中での自宅建設だったので大変でした。しかし、これをきっかけに父母と同居することになり、私の子供たちへの教育も金吾が熱を入れて取り組むことになりました。父が曾祖父から教えを受けたように、子供たちは金吾から論語、万葉集、生き方の基本について学んだようです。

また、自宅が一年を通じて快適であることがよく体感でき、文字通りモデルハウスとしても機能してくれました。ここを見学して、自宅を鉄筋コンクリート造内外断熱で建て替えてくださったお客様の岡本陽子様が『こんな家で暮らしたい』という本を書き、1万部を超えるロングセラーとなりました。禍を転じて福となしたと言えましょう。

話が別の方向に行ってしまいましたが、会社における地位が上がれば上がるほど、後継者育てが重要になってきます。社内では、「ぜひ『俺は社長になってやる』というくらいの気構えで仕事に精進してください。そのためには、金吾の言葉にあるように、技術力はもちろんですが、営業、財務、人事に通じるトップを目指してください」とよく話をしています。とても重要な言葉です。

30日

「企業の永続が最大の顧客サービス」

「顧客に対しての最大最高のサービスはその企業が永続する事だ。いくら十年保証、三十年保証と謳っても、三十年後にその企業が無くなれば誰が保証するのか。政府国家はそこまでは保証しきれない」

肝に銘じたい言葉です。十年続いていても、百年続いていても、企業に社員の危機感がなくなれば、あっという間に倒れます。最近の企業倒産のケースでも、伝統のある会社があっけなく倒れていく様を目の当たりにします。よくよく自分たちがお客様のお役に立っているか、あってよかったと思っていただいているか、「ありがとう」とお客様から言っていただけているか、自らに問いたいです。

周りから「平山建設は若い人たちが頑張っているね」と言われます。手前味噌に聞こえるかもしれませんが、平山建設は百年企業であり、永続を基本的な使命だと考えています。永続していくためには、若手の定期採用、成長する職場づくりが不可欠です。大変なことがあっても、すべては永続のための試練であり、成長への糧です。

金吾が亡くなってから「廣池千九郎生誕150年記念経済・経営シンポジウム」が催さ

れました。シンポジウムの中のパネルディスカッションは、「〝道経一体〟の経営で永続への道を切り拓く」というテーマで行われました。

冒頭、ソフテックの田原道夫会長がこうおっしゃってくださいました。

「これまで長く企業の永続について考えてきた。永続を経営者が望むのは当たり前。しかし、これは本当に正しいことなのか悩んできた。そうした中、千葉県成田市で建設会社を経営されていた平山金吾さんの言葉を聞いたときに、これまでの悩みに答えが見つかりました。それから考え抜いてみると、金吾さんの言葉は、こと建設業だけでなくすべての業種に当てはまると分かりました」

定員を超えた千人近くのモラロジー関係者の方々の前で、田原会長が金吾の「企業の永続が最大の顧客サービス」という言葉を読み上げてくださいました。

亡くなって三回忌を行う時期でしたが、多くの方々に思い出して、言葉に出していただけるというのは、金吾はみなさんの中で生きているのだと思います。金吾が見て、誇りに思う平山建設であるように、日々精進を重ねていかなければと決意を固くします。

31日

「我家の五箇条」

一、萬神霊を敬拝し、忠君の道に深厚なれ
二、人たる道の第一歩は、孝の一字よりはじめよ
三、一旦事業を起こさば忍耐恒久、みだりに変更放棄為すべからず
四、良友を選交し損友を遠ざけ、己に諂うものに心許す無かれ
五、富貴に奢らず貧賤を憂えず、益々洪基の心を蓄えよ

いよいよ「言葉」も最後の一日分です。

この「五箇条」は金吉が昭和６（１９３１）年に作ったものです。清・いちに実務を任せ始めた頃でしょう。清が平山材木店の代表社員に就くのは戦後の昭和22（１９４７）年ですから、まだだいぶ苦労が続いていた頃だと思われます。それでも、引退を目前にして自分の信念を子孫に残しておきたいという意思があったのでしょう。

一、人は天道に背かざる事　…①

先日、平山建設の役員から三菱財閥を作った岩崎家の家訓について教えてもらいました。

一、親たるものは常に子供に苦労を掛けざるよう心掛くべし　…②
一、他人の中言（中傷）を聞きて我が心を動かすべからず　…③
一、一家を大切に守るべし　…④
一、無病の時に油断すべからず　…⑤
一、富貴になりたりと雖も貧しき時の心を忘るるべからず　…⑥
一、人たるもの常に堪忍の心を失うべからず　…⑦

平山家の「我家の五箇条」と重なる部分があるように思います。七箇条と五箇条なので、数は違います。一番似ているのは、⑥と「五」です。さらに①と「一」「二」も同じことを言っています。⑦は「三」の「忍耐恒久」と同じ教訓のように思います。

金吾からは、創業者の金吉は渋沢栄一の渋沢家の家訓に影響を受けて「我家の五箇条」を作ったと聞いていましたが、岩崎家の家訓のほうが近いように思います。おそらく、金吉は昭和の初めに、手に入る限りの名家の家訓を勉強して作ったのでしょう。

第1条の「萬神霊を敬拝」は、やはり信仰の街成田ですので、信仰を重んじていたことが伝わります。いちからは、金吉も引退後は欠かさず成田山の御護摩に上がっていたと聞きます。「忠君の道」は、やはり明治の人は国というものを大切に思っており、国への恩義を感じていたのではないでしょうか。以前、鹿児島の知覧を訪れたときに、特攻隊員たちのお世話をした近くの旅館の鳥濱トメさんの言葉に打たれました。

「命より大切なものがある！　それは、徳を貫くことである」

命に代えても特攻隊員たちが守ろうとしたのは、故郷の家族であり、国への忠義であり、未来の日本の復興と繁栄だと私は思います。

第2条の「孝」ですが、人間として親を大切にすることです。私は父、金吾に感謝しかありません。曾祖父、祖父母、父母から自分に伝わる伝統の中に、私の命があるのだと感じます。私は商家の伝統と命のつながりの中の一人であることを窮屈だと思ったことはありません。正直に言えば、実は大学受験のときは、全く実家に戻るつもりはなく、自衛官か学者になろうと大学を選択しました。それが長ずるにつれ、自分の血が「地元に帰れ、商売をしろ」とささやきました。そして、いまがあります。

家族については、金吾は「身体髪膚（からだ全体、髪の毛一本まで）毀損せざる（大切にすること）は孝の始まりなり」と言っていました。中国の古典『孝経』の教えと聞いています。親孝行はからだを大事にするところから始まります。

さらに、後段にはこう続くそうです。

親を愛する者は敢えて人を憎まず。親を敬する者は敢えて人を侮らず。愛敬親に事うるに尽くされ、而して徳教百姓に加わり、四海に刑らるるは蓋し天子の孝なり。

まさに「孝」の一字はリーダーの資格であるという意味だと思います。親孝行の人でなければ、リーダーにはなれないと。

第3条については、『わが「志」を語る』（ＰＨＰ研究所刊）の中で金吾自身が書いています。

家訓「我家の五箇条」というもののありがたさを何回も味わった。すべてが順調であったわけではなく、挫折しそうになったことも幾度かあったが、第三条の「忍耐恒久、みだりに変更放棄なすべからず」が効き、何が何でも初志貫徹とがんばってきた。（中略）地元にあってよかったと言われる建設会社として、今後もこの志を守っていきたい。

金吾のこの言葉に付け加えることはありません。私自身も多くの物事で絶望しそうになるたびに、この言葉を思い出しました。

第4条の「良友を選交し損友を遠ざけ」ですが、人は自分が思っているよりも自分の周りの人間に影響を受けます。自分自身が正しい心を持って生きようとすれば、正しい心を持つ人々を自分の周りに集めることが大切です。悪い心の人とつきあえば、いつしか自分もそれに染まります。「朱に交われば」ということです。

「己に諂うものに心許す無かれ」は心に響きます。事業で成功すればするほど「いい話」が舞い込んできます。投資の関係も毎日のように電話がかかってきます。しかし、五箇条とは別に金吉は「現役の社長は投資などするな。そんな時間とお金があれば、すべて本業につぎ込め」と言っていました。一方、どんな電話でも断るな、自分で出ろと金吾から教えられていたので、時間のある限りどんな電話でも出て、この話をします。ほとんど、二度と投資話の電話はかかってきません。

第5条は、苦労人であった金吉だからこその言葉だと私には思えます。貧乏で人からさげすまれる地位にあっても絶望しない。お金も地位も高くなっても、おごり高ぶらない。ただただ、「洪基の心」、大きな将来の事業の基盤となる心構え、準備を蓄えよと。まさに、子々孫々、未来の社員たちに向けて語っているように思います。

父は「エノキアン協会を研究しろ」と私に言いました。「エノキアン協会」とは同族会社で200年以上繁栄している会社のみが入れる国際組織だと聞きます。これは200年企業を目指せという意味だと解釈しています。2020年現在、54歳の私には、どう頑張っても創業200年を迎える2101年を見ることはできません。ただただ、社員の物心両面の幸福追求を徹底し、ここまで多くの言葉で学んできた通り、後継の育成をして、ぜひ平山建設が200年を迎えられるように日々精進していきたいと心から願っています。

平山建設の現在の本社は、京成成田駅前にあるセンターゲートビルの1、2階に入る。同ビルは地上14階建ての免震構造で、3階より上は246戸の賃貸マンション

あとがきに代えて

千葉県成田市にゆかりのある方にとっては、地元に平山建設という会社があったと親しみを覚えていただけるかもしれません。その他の地域の方からは、名もない地方企業の後継者が一族のことを書いた書籍にすぎないとお叱りを受けるかもしれません。

けれど、企業が永続するためには何が必要なのか、多少なりとも、平山建設というサンプルをひもとくことで、ヒントにしていただけるものはあったのではないでしょうか。

商売をする家庭は、創業者から始まる代々の理念を、それぞれの「体温」を保持したまま引き継ぐことに大きな力を注ぎます。会社員の家庭からすれば信じられない光景に映るでしょう。しかし、私たちには、それが事業を正しく営む上での指針となり、同時に大胆な改革を恐れぬ勇気になると分かっているのです。

平山家に生まれたことに感謝しつつ、最後は、父・金吾が取締役を退任するときに、私を含めた幹部社員に対して話した内容をもって締めくくりたいと思います。

「創業の精神」を受け継ぐ

2013年6月21日　取締役退任にあたって　平山金吾

「独立自尊の精神」「進取の精神」

初代平山金吉が材木店を経営していた頃、「金吉さんに山を買ってもらえば安心だ」と言われ、どんどん山の木が買えた。「俺は人の世話をどれほどしたか分からないが、何ひとつやましいことはしてきていない。お前は天下の大道を大手を振って堂々と歩け」と小さいときから言われて育った。

2代目の清は婿さんだったこともあり、安全運転で来た。「清さんは神様みたいだ」と世間から言われていた。実際、父母ともにお人好しで、こんなことで商売ができるのかと子供心に心配したこともあったが何とかやってきた。正直・真面目・熱心・質素・倹約・

信仰心を持ち、お客様の要求を叶える努力を積み重ねた。

各代共に進取の精神には優れていたようで、明治の頃にすでに蒸気機関を動力に製材をしていた。その後、焼玉エンジン、モーターを採用。昭和30年代にフォークリフトをいち早く採用した。成田ではいまも変わらぬ運輸大手の日本通運に次ぐ導入だった。

「第2創業期」

時代の変化の中で、新たな操業に踏み切った。材木店から建設業へと第2の創業をはかり、平山建設株式会社を設立した。最初は材木店の軒先を借り、一人で始めた。設立当初は下請けもやったが、10年で脱却した。

「3代目創業者としての認識」

私は、家の伝統と理念を継承しつつ、新たな時代に相応しい事業を創造した。材木店からの変身、転身である。変身・転身に乗り遅れれば、衰退するしかなかった。今後も時代の流れと将来の変化を予見し、何回でも創業する。ただし、理念・精神は受け継ぐ。

「主体性の確保」

他からの支配力に縛られない。銀行をはじめ、巨大企業は系列化を進めたいし、下請け・系列企業として支配したがる。経営的にも「大黒柱」（親会社・主たる発注者）がしっかりしていれば安心で、楽な商売ができる。官公需だけに偏って衰退していく業者を多く見てきた。

「小柱経営」

社会・経済の変化に柔軟に対応し、10本位の柱を持つことが大切。1本の柱が売り上げの30％を超さないように気を配る。30％を超えた柱を縮小する必要はないが、他の柱も大きくし、バランス良くする努力を重ねること。

「長寿企業を築く」

お客様・従業員・協力会社・取引先等を含め、会社が長期にわたり安定していることが、最高のサービスである。この街にあって良かったと言われる会社でありたい。成田で育ってきたし、今後も成田に根拠地を置く企業であり続ける。だから、図体を大きくしない、売上至上主義にならない。マーケットの大きさに準じた適正規模を保つ。社員数もできれば、バス一台、40～50人が理想的。家族関係まで経営者が把握できるくらいが望ましい。

「適正利益の確保に最大の努力と智恵を絞れ」

建設業は手間のかかる商売。価格競争に巻き込まれず、我が社の経営理念と商品の特徴を丁寧によく説明し、ご納得をいただき、ご契約をいただけるよう最大の努力をする。社員、特に幹部社員の品性がものを言う。道徳的に優れた資質を涵養して、お客様の信用を得ることが商売の最重要課題である。

私の座右の銘は「為当為、不為不当為」だ。当然為すべきことを為し、当然為してはならないことは為さない。「正しい価値観を持つ」。正しい事が正しく思え、悪いことが悪く思える。この判断、価値観で人生を送れば間違いがない。

謝辞

　最後になりましたが、本書の出版にご協力いただいたすべての方々に感謝申し上げます。創業１２０周年、設立60周年にあたり本書を出版できたのは、我が街成田をふるさととする皆さま、そして平山建設株式会社及び株式会社ナスパのお客様、お取引様のおかげです。１２０年にわたりお支えいただき、ありがとうございます。平山佐吉叔父には、平山家の歴史にまつわるお話をたくさん提供いただきました。本書の完成は、叔父上の協力なくしてはできませんでした。弊社の総務部長、大工原健一氏には何度も校正していただきました。至らない社長のもとであるにもかかわらず、また、新型コロナウイルス禍の大変な時期にあっても、仕事に精励してくださっている社員の皆さんに心から感謝しております。これからも社員の物心両面の幸福追求の徹底、ふるさとづくり、街づくり、建物づくりにますます励むことを誓います。最後の最後になりましたが、私を産み育て、父金吾を半世紀にわたり支えてくれた、母、裕子に本書を捧げます。

平山 秀樹　ひらやま・ひでき

1966年生まれ。筑波大学卒業後、東急不動産に入社。93年米アメリカン大学ビジネススクールに留学し、MBA（経営管理学修士）を取得。95年平山建設に入社し、2005年から社長。平山建設は1901年に平山商店として創業。千葉県成田市に本社を構え、戸建・集合住宅、商業施設、野球場などの公共施設など、幅広い建設事業を手掛ける。グループ会社で、ホテルの運営事業も展開。平山建設グループの社員数は102人、売上高は約60億円（2020年6月期）

会社が永続する「31の言葉」

創業120年・平山建設の隔世教育と思考習慣

2020年10月26日　初版第1刷発行

著　者	平山 秀樹
発行者	伊藤 暢人
発　行	日経BP
発　売	日経BPマーケティング 〒105-8308　東京都港区虎ノ門4-3-12
装　丁	中川 英祐（トリプルライン）
本文DTP	トリプルライン
印刷・製本	大日本印刷株式会社

ISBN 978-4-296-10738-4